0~3岁宝宝吃好第一口辅食

刘桂荣　主编

中国轻工业出版社

前言

吃辅食是宝宝成长过程中的必经之路，这个阶段也是宝宝向正常饮食过渡的阶段，关系到宝宝健康成长的方方面面。宝宝吃得健康、发育强壮才能为后续各项发展打下基础。

通常，宝宝 6 个月大时是必须要添加辅食的，这个时候无论是母乳还是配方奶都无法满足宝宝的营养需求，而且进食辅食也是宝宝推开生活大门的第一步。新手爸妈要为宝宝的健康变成“美食家”和“营养家”，了解宝宝的第一口辅食要吃什么，宝宝辅食添加顺序是什么，怎么才能做出营养又美味的辅食等。新手爸妈可以带着这些问题打开这本书，书里会为新手爸妈一一解答。

陪伴宝宝成长是一件辛苦又幸运的事情。虽然有爸爸妈妈极力呵护、保驾护航，但娇弱的宝宝还是会出现各种让爸爸妈妈措手不及的状况，比如不爱吃辅食、对食物过敏、出现龋齿等。成长路上不会一帆风顺，新手爸妈要多了解一些情况，为宝宝做好预防。

父母也是宝宝成长过程中的“教科书”，宝宝的言行举止中都藏着父母的影子。从宝宝加入这个家庭起，新手爸妈也要开始遇见更好的自己，成为可以给宝宝做榜样、包容忍耐宝宝的淘气、鼓励宝宝不怕挫败的好父母。本书专门设有餐桌礼仪的小栏目，帮助宝宝从小养成良好的饮食习惯。但不要忘记，新手爸妈要率先为宝宝做好餐桌礼仪的榜样哦。

宝宝健康快乐地成长，是您和这本书共同的目标。

目录

第一章

妈妈们关注的22个辅食添加问题

第二章

4~6 个月，可以尝试菜水、米糊啦

第三章

7 个月，糊状向泥状食物过渡

第四章

8 个月，尝试加蛋黄啦

第五章

9 个月，尝试嚼着吃

第六章

10 个月，软米饭都能吃了

第七章

11 个月，固体食物也可以吃了

第八章

12 个月，辅食里可有微微的咸味了

第九章

1 岁至 1 岁半，蛋清也能尝试了

第十章

1 岁半至 2 岁，辅食逐渐变主食

第十一章

2~3 岁，基本和大人吃得一样了

第十二章

宝宝成长必需的营养素

第十三章
辅食这样吃，宝宝长得高身体好

第一章

妈妈们关注的22个辅食添加问题

妈妈们为宝宝添加辅食时往往手足无措，尤其是新手妈妈未做辅食之前会先有一些问题和疑虑，比如，什么时候添加辅食？辅食添加的原则是什么？辅食添加的误区有哪些？……本章汇总妈妈们在准备辅食过程中常遇到的问题，并一一做出解答，让妈妈们也能成为制作宝宝辅食的智慧达人。

1. 4个月还是6个月开始吃辅食

一直以来，我们听到的几乎都是宝宝要到6个月才开始吃辅食，但是儿科医生、免疫科医生建议婴儿从4个月就开始吃辅食。世界卫生组织则建议母乳哺喂婴儿到6个月，再开始吃辅食。世界卫生组织这样的建议是建立在宝宝是“纯母乳亲喂”的前提之上，其主要目的是希望等宝宝身体的各项器官都发育得更成熟了，再开始吃辅食，以避免可能因食物不干净而致使宝宝生病。

2. 宝宝可以吃辅食的信号

除了月龄以外，可以给宝宝添加辅食的一个很重要的信号就是看“挺舌反射”是否消失。挺舌反射是宝宝的一种先天反射，其实是一种自我保护。其表现是，宝宝的舌头会将放到嘴里的固体食物或勺子顶出去，防止异物进入喉部引起窒息。

如果你在准备给宝宝加辅食的时候，宝宝的舌头总是顶着勺子，或不会吞咽食物，总是把食物都吐出来，这表示他的挺舌反射还没消失。这时你可以耐心等1~2周再尝试，千万不要强迫宝宝进食。

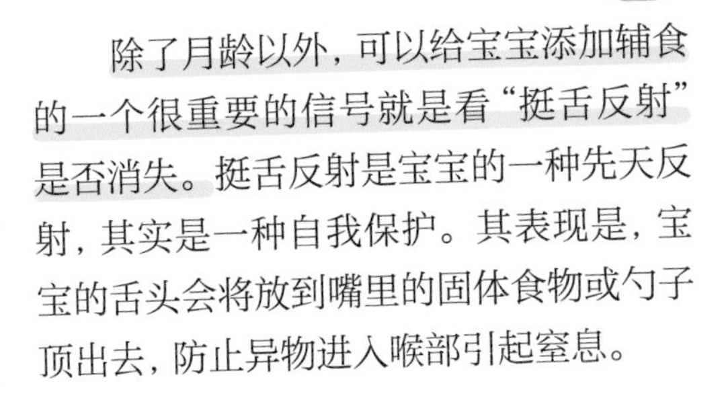

正确喂辅食的方法

1. 提前让宝宝坐在专属餐椅上；
2. 让宝宝可以看到勺子里的食物；
3. 当宝宝张嘴时，将勺子平放入他嘴里；
4. 宝宝合上嘴后，水平取出勺子（可以用宝宝的上牙床将食物从勺子上“刮”下来），注意最好不要将食物倒扣到宝宝嘴里。

辅食应该吃什么

现在家长普遍给宝宝吃米粉、麦粉，因为米粉、麦粉中添加了许多营养素，能促进宝宝发育。

1 岁以前，宝宝还是以母乳、配方奶为主，这也是宝宝主要的营养来源。吃辅食更重要的是练习吞咽、咀嚼，以及大量尝试不同的食物，降低日后发生食物过敏、挑食的概率。所以，这个时期的宝宝吃辅食并不求量，如果宝宝只想吃几口，妈妈也不用担心他吃得少，尽量提供多种食物，如果宝宝每种食物都肯吃几口，就已经很完美了。

自己做辅食，天然又安全

不要千篇一律地给宝宝吃米粉，科学的辅食喂养原则是，尽量选择天然食物，避免加工食品。

选择食物原形为食材给宝宝吃，例如煮粥或蒸煮鸡蛋、蔬菜、鱼肉类，然后打成辅食泥，直接给宝宝吃。除了做成辅食泥，还可以直接让宝宝啃咬原形的食物，例如直接把胡萝卜蒸得软软的，切成小条，让宝宝自己用手抓着啃。

跟着大人一起吃

全家一起用餐，会增加宝宝食欲。这么做还有一个好处，为了让宝宝吃得营养、健康，大人也会跟着吃健康营养的食材，而且调味也会尽量清淡。

比如晚餐中有西红柿炒蛋，在添加调味料之前，可以先盛起一勺鸡蛋和一勺西红柿给宝宝。这样做不仅可以减少妈妈另外准备辅食的时间，也可以最大限度地确保孩子吃的食物是新鲜的，而且呈多样化。

辅食添加的原则

在宝宝1岁半之前，要注意辅食不能代替哺乳，妈妈的奶水仍是宝宝主要的营养来源。

» 辅食添加要以宝宝的消化能力为前提，再考虑营养物质的添加。

» 辅食添加要由单一到复杂、由少到多、由稀到稠循序渐进的原则进行。

» 对宝宝来说，吃辅食是一次全新的尝试，宝宝第一次吃到新添加的食物或许会吐出来，家长要耐心多尝试几次，不要马上认为宝宝不喜欢这种食物。宝宝多尝试不同的食物可降低日后对食物过敏、挑食的概率。

» 同一种食物，一天喂两次，连续喂3天；添加新食物也要观察3天，如果宝宝出现过敏反应，如腹泻、湿疹等，需要一周后再次添加。

» 宝宝1岁以内，辅食中不要加盐、糖、酱油等调味品，也不要给宝宝尝成人食物。咸的食物会损坏宝宝未发育健全的肾脏，甜食容易导致宝宝肥胖和龋齿。

» 米汤、菜水营养价值不高，作为辅食要适量添加，也不要用果汁、菜水代替白开水。

婴儿辅食添加过程示意表

6个月以前	满6个月时	7~9个月	10~12个月	1~2岁	2岁以后
按需哺乳，每天吃5~8次母乳	开始添加辅食，并按需喂母乳	按需喂母乳	继续喂母乳	继续喂母乳	可以断母乳
从1~2勺米粉开始添加或不添加辅食	每天1次辅食	每天2次辅食	每天3次辅食，1次加餐	每天3次正餐，2次加餐	每天3次正餐，2次加餐
	每餐2~3勺	每餐2/3碗	每餐3/4碗	每餐1碗	每餐1碗
	米粉、稠粥、烂面条	稠粥、烂面条	软米饭、馄饨、包子	米饭、馒头、红薯	米饭、饺子、饼
	菜泥、果泥	菜末、果泥	碎菜、水果	碎菜、水果	蔬菜、水果
	蛋黄	蛋、豆腐	蛋、豆腐	蛋、奶、豆制品	蛋、奶、豆制品
		肉泥、鱼泥、肝/血	肉泥、肝/血	肉、鱼、禽	肉、鱼、禽

辅食应该吃多少

辅食吃多少，每个宝宝的个体差异较大。吃辅食更重要的是练习宝宝吞咽、咀嚼的能力，这个时期的宝宝吃辅食并不要求量的多少。宝宝吃辅食的标准就是在不影响奶量的情况下，尊重宝宝自己的意愿。妈妈要注意观察宝宝饿或者饱的信号，饿了就给食物，饱了就把食物撤掉。但要注意一次让宝宝吃饱，不要把辅食当作零食在宝宝不饿不饱的情况下进食，否则会导致宝宝消化系统的紊乱，而且还会降低宝宝对辅食的兴趣。

在宝宝 1 岁以前，每天喂宝宝两次辅食比较合理，可以选在妈妈两次喂奶前后进行。在喂辅食前最好确保宝宝心情不错，可以开心地吃辅食。

月 / 年龄	辅食性状	进食次数		进餐方式		食物克重
		主食	辅食			
4~6 月	稀糊状	5~6 次奶 750~1000 毫升	辅食 1 次 / 天	宝宝餐勺	吞咽	**谷物：** 米粉（1 勺），蔬菜泥、水果泥 1~2 勺
7~9 月	稠糊状	4~5 次奶 600~800 毫升	辅食 2 次 / 天	宝宝餐勺，宝宝手抓	吞咽、舌碾	**谷物：** 30~50 克 / 天；**碎菜：** 25~50 克 / 天；**水果：** 20~30 克 / 天；**肉类：** 开始添加；**蛋类：** 1/4 ~ 1 个蛋黄
10~12 月	颗粒状	2 次奶 500~600 毫升	辅食 3 次 / 天，1 次加餐	宝宝手抓 宝宝餐勺	牙床咀嚼	**谷类：** 50~75 克 / 天；**碎菜：** 50~100克/天；**水果:**50克/天；**肉类：** 25~50 克 / 天；**蛋类：** 1 个鸡蛋
1~2 岁	块状	2 次奶 500~600 毫升	正餐 3 次 / 天，2 次加餐	宝宝餐勺	咀嚼	**谷物：** 75 ~ 125 克 / 天；**碎菜：** 100 ~ 200 克 / 天；**水果：** 50 ~ 75 克 / 天；**肉类：** 50 ~ 75 克 / 天；**蛋类：** 1 个鸡蛋；**豆类:** 5~15 克 / 天；**盐:** 2 克 / 天；**油：** 5 ~ 10 克 / 天
2~3 岁	固体食物	2 次奶 250~500 毫升	正餐 3 次 / 天，2 次加餐	筷子	咀嚼	**谷物：** 100 ~ 150 克 / 天；**碎菜：** 150 ~ 250 克 / 天；**水果：** 50 ~ 100 克 / 天；**肉类：** 50 ~ 75 克 / 天；**蛋类：** 1 个鸡蛋；**豆类：** 10 ~ 20 克 / 天；**盐：** 2 克 / 天；**油：** 10 ~15 克 / 天

8. 先吃蛋黄还是米粉

4~6 个月宝宝开始添加辅食时，米粉相对蛋黄不易过敏、更易消化，所以宝宝的第一口辅食米粉更合适。

在宝宝最初添加辅食的时候，吃鸡蛋容易出现过敏问题，这是因为鸡蛋蛋清中的蛋白分子小，可以直接透过肠壁进入宝宝的血液中，容易引起一系列过敏反应，如湿疹、荨麻疹等。建议不要在1岁以内宝宝辅食中添加鸡蛋清。

蛋黄营养丰富，尤其是富含蛋白质，但这个时候宝宝消化能力不好，肠胃的消化酶还无法消化蛋白质，所以从食物的消化难易度来说，蛋黄是难消化的食物。宝宝 4~6 月需要补充铁元素，蛋黄中虽然铁元素丰富，但蛋黄中的铁，宝宝难以吸收。而米粉中的强化铁米粉刚好可以满足宝宝对铁的需求。

等宝宝 7~8 个月的时候，再考虑添加鸡蛋。给宝宝吃鸡蛋时先从 1/4 个蛋黄开始，宝宝若没有过敏反应，再逐渐增加蛋黄的量。

关于蛋黄和米粉的讨论

蛋黄的营养价值高，很多人也把蛋黄作为宝宝进食辅食的开端，尤其是老一辈人通常认为要先给宝宝吃鸡蛋，有营养。当妈妈喂食宝宝蛋黄后发现宝宝消化不良，医生一般会建议喂食米粉，因为它会更容易被宝宝幼嫩的肠胃吸收。米粉的优点是冲调方便，细腻且口味多样，容易吸收。虽然米粉更适合作为宝宝的第一口辅食，但是如果宝宝的消化功能很好，能够接受蛋黄，先喂蛋黄也可以。

目前儿童保健和营养专家一致的意见是，宝宝的第一餐应该添加精细的谷类食物，最好是强化铁的婴儿营养米粉。在中国营养学会最新制订的6~12月龄婴儿喂养指南中建议的添加辅食顺序是：①谷类食物（如婴儿营养米粉）；②蔬菜汁/泥和水果汁/泥（注意是先蔬菜后水果）；③动物性食物（顺序为蛋黄泥、鱼泥、全蛋、禽畜肉泥/肉末/肉松等）。

米粉能与配方奶混在一起泡吗

米粉和配方奶不能混在一起泡。宝宝配方奶有专门的配方，水和奶粉有一定的比例。如果在这里面加入其他食品，会影响宝宝营养吸收，可能会使宝宝消化不良，影响肠胃健康。而且米粉和配方奶营养成分不同，米粉的营养比配方奶要低，混合冲泡会造成营养比例失衡。米粉和配方奶的冲泡浓度和温度也不同，奶粉较稀，水温以 40℃左右为宜，若水温过高会破坏配方奶中的营养成分；米粉较稠，水温以 70℃左右为宜，因为米粉相对奶粉会难溶解一些。

米粉是作为宝宝的辅食来添加的，配方奶是在妈妈母乳不够的情况下作为宝宝的主食来吃的。米粉相对配方奶更易饱腹，但营养价值低。宝宝吃完米粉后可能不会再有兴趣吃配方奶，不利于宝宝健康。为了宝宝可以更好地吸收营养，不建议将米粉与配方奶混在一起泡，但二者可以按时间前后混在一起吃。最佳的添加方法是，先给宝宝喝配方奶，如果宝宝还饿的话，可以在喝配方奶半小时之后，再给宝宝喂食米粉。

各月龄米粉冲调指南

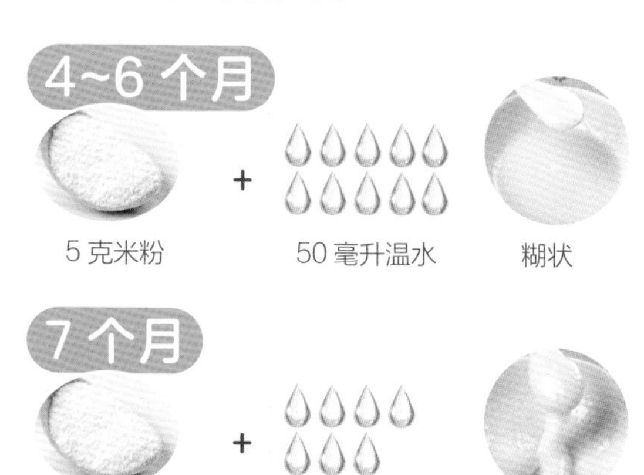

\+

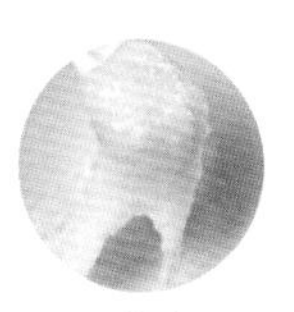

5 克米粉　25 毫升温水　稠糊状

冲调米粉的方法

1. 准备米粉，一个勺子和空碗；
2. 碗中倒入 70℃左右开水；
3. 米粉均匀加入水中；
4. 勺子顺时针搅拌均匀即可。

10. 辅食是不是越碎越好

许多人认为，辅食够碎够烂可以避免宝宝被卡到，而且容易消化。事实上，随着宝宝月龄的增加，要有意增加食物的颗粒感，以此来培养宝宝的咀嚼能力和颌面部发育。

» 4~8 个月的宝宝刚刚接触辅食，学习吞咽动作，因此食物以泥状、糊状半流质为最佳。比如米糊、鸡蛋黄等。

» 8~12 个月，宝宝牙齿正在生长，可以吃一些肉类。食物要由细变粗，由小变大。这时候可以做一些烂面条、肉末蔬菜粥等。

» 12 个月后，宝宝的牙齿更多，咀嚼吞咽更加协调，慢慢学会用牙齿把食物咬磨细碎，可以吃一些固体食物。比如软饭、馄饨、肉片等。

» 宝宝通过锻炼咀嚼能力也在锻炼舌头和整个颌面部肌肉，为日后的语言锻炼发展打下基础。大人在喂宝宝辅食的时候也要有意引导宝宝学习咀嚼。比如大人在宝宝面前咀嚼食物稍微夸张一些，做出满足的样子“好吃啊好吃”，宝宝就会去模仿，从而慢慢学会。

» 宝宝 2 岁后，牙齿发育完全成形，食物的软硬和粗细就基本可以和成人相差无几了。

菠菜

叶菜类叶尖部分煮软（油菜、白菜等也一样）。

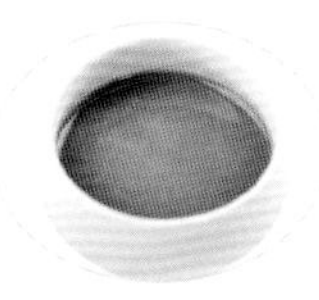

4~6 个月（初期）

泥状，自己研磨的要加水搅拌至滑润。

7~8 个月（中期）

煮烂，切成 3 毫米大小的四方片。

9~11 个月（后期）

5~6毫米大小的四方片。

1岁至1岁半（完成期）

10毫米大小的四方片。

豆腐

焯熟后去除水分。

4~6 个月（初期）

捣成泥状。

7~8 个月（中期）

切极碎。

9~11 个月（后期）

切成 7~8 毫米小块。

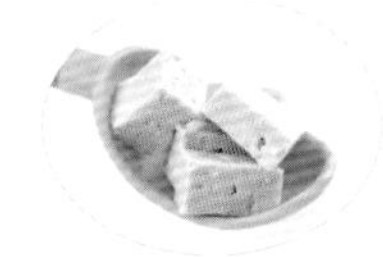

1 岁至 1 岁半（完成期）

切成 1~1.2 厘米小块。

11. 吃辅食如何防止宝宝过敏

宝宝经常会出现过敏的原因主要是宝宝的身体比较虚弱，皮肤敏感，所以一触碰到过敏原就容易出现过敏反应；再就是遗传因素，宝宝遗传父母的过敏体质，也容易出现过敏。

宝宝添加辅食后，由于消化系统不够完善，任何食物都有可能造成消化不良或过敏。因此，给宝宝添加辅食时建议先从不易过敏的食物开始，而且必须要一种一种添加，逐渐增加种类；每次加的新辅食都应该坚持喂食至少 3 天，观察宝宝对食物的接受情况。一般，急性过敏症状在 24 小时内出现，慢性过敏症状在 3 天内就会出现。这样循序渐进添加食物，容易发现过敏原。如果发现宝宝过敏的食物，应该对其回避至少 3 个月。

妈妈可以把宝宝每天吃的食物以及宝宝吃后的反应记录下来，有助于找到宝宝过敏的食物。如果宝宝对一种或者多种食物过敏，妈妈可以用提供同样营养素的其他食物来替代。

有些宝宝原来过敏的食物，随着宝宝年纪的增长，身体抵抗力增强，慢慢会有一部分食物变得不过敏。需要等宝宝稍微大一点的时候，再做一些尝试。

不太过敏的食物 → 高致敏食物

	第一级	第二级	第三级	第四级	第五级
五谷类	小米、西谷米、燕麦、白米	红豆、绿豆、高粱	玉米	薏米、藕粉	糯米、胚芽米、芝麻、大豆及其制品、花生、核桃、小麦
蔬菜类	胡萝卜、土豆、红薯、南瓜、白菜、荠菜、油菜、木耳、油麦菜	青椒、菜花、茼蒿、洋葱、冬瓜、豆芽菜	秋葵、菇类、藻类、芋头、豌豆	韭菜、芹菜、香菇、丝瓜、莲藕	茄子、笋类、山药
水果类	苹果、葡萄	水蜜桃、梨子、蓝莓	草莓、杏、李子、樱桃	石榴、柚子、西瓜、甜瓜	芒果、猕猴桃、柑橘类
肉类	猪肉、鸡肉	黄花鱼、带鱼	螺肉、羊肉、牛肉	蛤蜊、比目鱼、沙丁鱼、鳕鱼	秋刀鱼、蛋、牛奶、乳制品、蟹

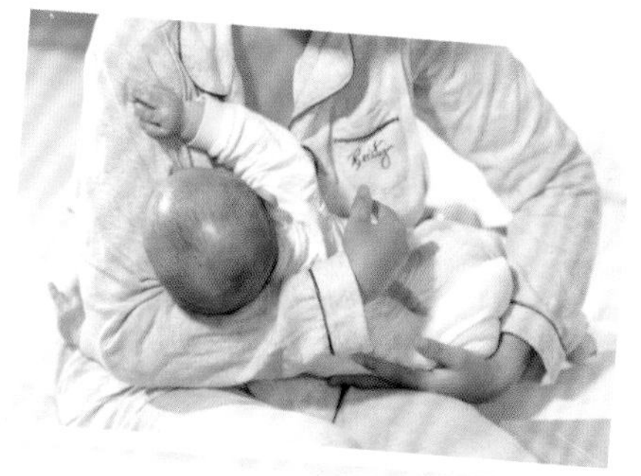

16. 宝宝不爱吃奶怎么办

吃奶是宝宝的大事，长时间不爱吃奶会影响宝宝的健康发育。在医学上并没有宝宝“厌奶期”这个说法，宝宝厌奶一定是有原因的。在宝宝添加辅食之后，出现厌奶并且宝宝身体一切正常，就要考虑是不是辅食添加的口味太浓，使宝宝味觉发生变化，对无味的奶不再感兴趣；或者添加的辅食量太大，宝宝没有饥饿感，对奶没有食欲；也可能是宝宝转奶过程中出现腹泻、过敏等问题而拒绝吃奶。转奶一般针对喝配方奶的宝宝，是由喝原来的奶粉转喝新奶粉的一个过渡期。

宝宝在吃辅食后，对各种食物表现出兴趣是很正常的。但宝宝对奶还是有一定的依赖性，过一段时间宝宝对辅食没有强烈的兴趣后，会自己主动找奶喝。总之，提倡顺应喂养，鼓励但不强迫进食。

17. 哪些食物不能添加在辅食中

宝宝前期不仅消化能力弱，而且极容易对一些食物过敏。宝宝 4~6 个月易致敏食物要迟一些添加，后期可以适量添加，帮助宝宝脱敏。

宝宝 1 岁以内不能添加盐和糖；

蜂蜜中含有肉毒杆菌，会造成宝宝感染，也要禁止；

鸡蛋容易引起过敏，建议 7~8 个月后开始添加蛋黄，蛋清可以更晚；

果仁容易卡住宝宝喉咙，辅食中不要出现；

牛奶中缺乏铁和维生素 C，宝宝 1 岁以后才可以添加；

海鲜容易引起过敏和食物中毒，1 岁内不要食用；

高纤维食物对大人很健康，但会影响宝宝对微量元素的吸收，2 岁前不要给宝宝过多食用；

果汁往往酸性大，对宝宝肠胃刺激太大，应该稀释 1 倍再给宝宝喝。1 岁以前喂食果汁不要超过 100 毫升，并且果汁不能代替水果。

18. 宝宝不爱吃辅食怎么办

宝宝不爱吃辅食要先确定他是不是身体不舒服，是否缺锌或其他微量元素，精神状态如何。如果宝宝一切正常，只要保证宝宝正常的奶量即可。宝宝不喜欢吃辅食是正常的现象，有可能是宝宝不太适应辅食的味道，家人在制作的时候可以往辅食里面添加点配方奶粉。在辅食添加的时候，应该采用少量多次的喂养方式，让宝宝有一个适应的过程。

通常，宝宝不喜欢的食物都是他不熟悉的。因此，在吃到添加的新食物时，宝宝会扭头不吃或用舌头顶出，这时需要妈妈坚持多喂食几次，让宝宝适应并接受新食物。

有时候宝宝吃完母乳之后已经饱了，这时添加辅食他就不会再吃。可以在宝宝饿的时候先喂些辅食，再喂奶；另外，辅食添加的品种要多一些，花色多一些，且具有一定营养密度，让宝宝对这些食物有一定的新奇感而且吃得营养。

不要强迫宝宝吃辅食，可以不断地多尝试。应该选择在宝宝精神状态比较好的时候喂食，可以用颜色鲜艳的餐具来吸引宝宝。

爸爸妈妈是宝宝吃饭的榜样，要做出饭菜很好吃的样子，宝宝会进行模仿，从而慢慢喜欢辅食。同时，营造愉快的就餐环境，也可以让大一点的孩子参与辅食制作的过程。

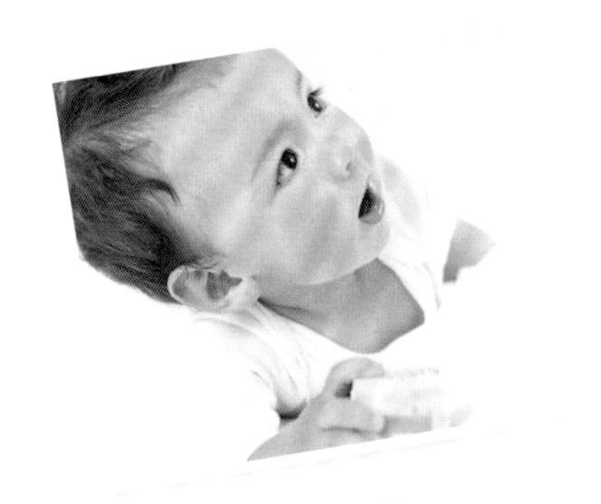

19. 如何纠正宝宝爱吃肉不爱吃菜的习惯

宝宝不爱吃菜，妈妈要想想是不是在宝宝刚开始吃辅食时，没有尽可能地给宝宝尝试更多种类的食物，宝宝现在吃的菜的口味、软硬度、块粒大小是否合适。妈妈可以将咀嚼起来费力的茎叶蔬菜氽煮得久一点儿；可将肉菜碎混合，氽成小丸子，单独吃或搭配米饭、软面；或调成馅儿，包馄饨、饺子；将肉、菜碎加入米饭中，做成肉菜小煎饼……只要肯花心思，多点耐心，总会打开宝宝的胃口。

同时，每天让宝宝有一定的活动量。爸爸妈妈要以自己良好的饮食和行为习惯影响宝宝，做出榜样。爸爸妈妈在吃饭的时候表现出津津有味的样子，宝宝就会很好奇，想要尝一尝，慢慢宝宝就能接受了。

20. 宝宝辅食一顿吃不完怎么办

宝宝辅食一次吃得少，有些食物制作复杂，妈妈没时间现吃现做。这就需要一些食物保存的技巧，既节省时间、精力，又让宝宝吃得健康。制作好的宝宝辅食，在室温下只能放置2个小时，高温天气下，最好不要超过1小时。如果需要长时间保存，可以选择冷冻，短期保存可以选择冷藏。但最好1周内吃完，最长不要超过1个月。

妈妈要标明食物种类和日期，避免拿储存过久的辅食给宝宝吃。食物不能反复解冻，妈妈要将需要保存的食物，分成小份，一份分成一餐的量，一般是20~50毫升，根据宝宝饭量来定。宝宝辅食放进冰箱的时候，尽量密封，可以使用保鲜袋、保鲜膜、密封罐、带盖的容器等，减少细菌的侵害。

食物做好之后，放进保鲜盒，室温放置一会儿，不那么烫的时候，就可以将盖子扣紧，放入冰箱了。这样做是为了减少食物中细菌的数量，如果室温放置两三个小时，等食物凉了再放的话，细菌就会在这个过程中大量繁殖，不利于食物的保存。

21. 宝宝辅食工具准备哪些

宝宝准备添加辅食之前的囤货

餐椅：餐椅一般可用到宝宝 3 岁，使用率高。注意买回来后要擦洗一遍。

围兜或反穿衣：准备两三个，注意要买防水的。

辅食餐具：如辅食碗、辅食勺、辅食刀具、砧板（宝宝专用）、带蒸笼的奶锅（上蒸下煮）。

宝宝餐具可以选择食品级硅胶材质的，无毒、无味、轻便、耐高温、耐摔，而且隔温效果好，既不会烫到，也不会冻到宝宝。

添加米粉后的辅食阶段

辅食机：蒸、煮、打碎一体，方便省时。

吸管杯：让宝宝练习用水杯吸水。

保鲜盒：保鲜盒可以冷冻多余的辅食，或提前做好辅食备用，建议首选玻璃材质的，耐高温易清洗，外带也非常方便。

辅食剪：宝宝可以吃块状食物后，用来剪面条、蔬菜等，也具有研磨功能。小巧可爱，便于携带。

22. 如何给辅食工具消毒

宝宝吃辅食后，开始用口、手探索更大的世界，这极大增加了接触各种细菌、病毒的机会。因此，要做好宝宝辅食用具的清洁和消毒的工作。

煮沸消毒法：将用完的辅食工具用水洗净之后放入沸水中煮 5 分钟。对于一些材质或工具不适合煮，可以用沸水烫一下即可。

蒸汽消毒法：将工具放在蒸锅中，蒸 5~10 分钟。这种方法适合塑料材质的工具。

日晒消毒法：将砧板、研磨棒这些不宜长时间蒸煮的工具，清洗后放在阳光下曝晒，可延长使用寿命。

第二章

4~6 个月，可以尝试菜水、米糊啦

纯母乳喂养的宝宝在 4 个月的时候依然提倡继续母乳哺喂，暂时不要添加辅食。但人工喂养或混合喂养的宝宝，配方奶无法完全满足宝宝成长需要。宝宝体内铁、钙、叶酸、维生素等营养元素会相对匮乏，如果宝宝表现出对食物感兴趣、舌头不抗拒喂进嘴里的东西时，就可以适当地给宝宝添加辅食了。

4~6 个月喂养指南

4~6 个月的宝宝添加辅食，意味着小家伙即将用味蕾打开一个新世界。宝宝这个时候活泼好动，要注意补铁。

早上 6 点：母乳或配方奶 150~200 毫升。

上午 9 点：大米汤 50~80 毫升（米粉 20 克）。

中午 12 点：母乳或配方奶 150~200 毫升。

下午 3 点：母乳或配方奶 150~200 毫升。

傍晚 6 点：蔬菜糊 50~80 毫升。

晚上 9 点：母乳或配方奶 150~200 毫升。

晚上 12 点：母乳或配方奶 150~200 毫升。

宝宝的第一口辅食最好选富含铁的米粉。4~6 个月的宝宝体内在妈妈怀孕期间储备的铁基本耗尽。因此，哺乳妈妈可以多吃一些含铁丰富的食物；人工喂养的宝宝在 4 个月之后，要开始添加简单的辅食以满足宝宝营养需求。宝宝开始添加辅食的原则，除了保证母乳或配方奶粉外，就是强化铁元素，且不过敏。宝宝早期辅食添加要遵循由少到多，由稀到稠，由细到粗，由单一到多样的原则。

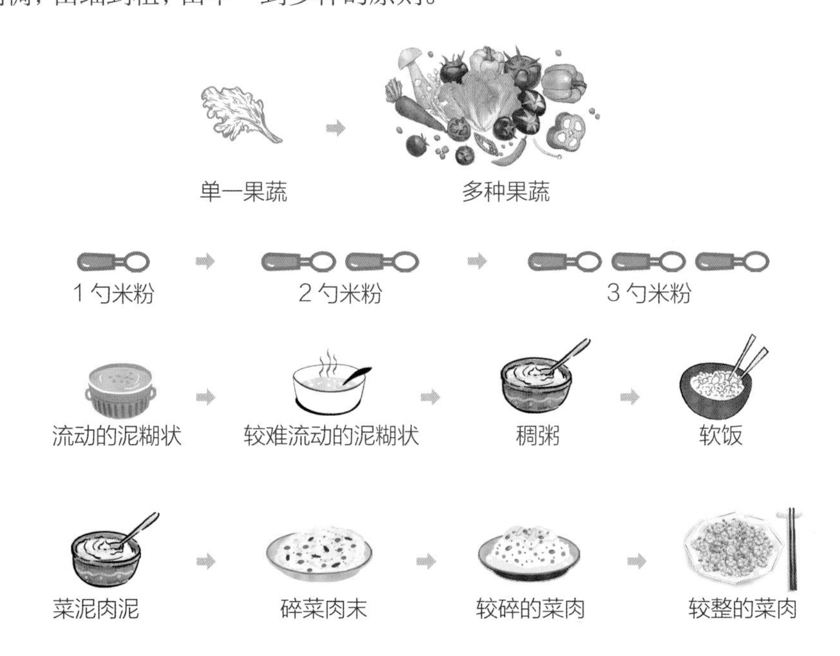

妈妈要注意的问题

宝宝吃饭

选择米粉

观察宝宝吃饭欲望

第一次尝试喂辅食时，宝宝若一直用舌头顶辅食勺，说明挺舌反射还没有消失，暂时还不适合吃辅食。宝宝开始吃辅食时可能对菜汁、菜泥没有多少兴趣，但不要因此往菜汁里加糖，以为可以迎合宝宝的口味，其实宝宝过早接触甜味，以后容易出现偏食、厌食，不易再添加新的辅食食物，而且对宝宝牙齿也不好。

此外，妈妈要观察宝宝添加辅食后是否出现腹泻、消化不良等身体反应。宝宝刚开始吃辅食时，肠胃需要一个适应过程，非常容易出现腹泻。在宝宝不拒绝吃辅食的情况下，腹泻渐渐好转，可以不用停止喂辅食。妈妈每在辅食中添加一样新食物，添加 3~7 天后，观察没有问题再添加下一样新食物。

米粉的选择

选择米粉时，不仅要注意选择口碑好、大厂家的，还要关注营养成分表中蛋白质、脂肪等基本成分，维生素、微量元素的含量是否符合国家标准，以及是否含有其他添加物。有的米粉含有其他添加成分，如鱼肉、蔬菜、核桃等，妈妈在购买前要注意该类添加成分是否适合宝宝的月龄，以及宝宝对以上食物是否过敏。

刚开始添加米粉注意不要调得太浓，每次喂给宝宝的量要少。尊重宝宝吃的意愿，不勉强进食。如果宝宝实在不喜欢，可以尝试换其他米粉。

小小餐桌礼仪

宝宝的餐桌礼仪不是一蹴而就的，需要爸爸妈妈的言传身教和坚持。在添加辅食之前，妈妈要让宝宝先熟悉餐椅，陪家人一起吃饭，以此让宝宝知道就餐时间和就餐形式，让宝宝潜移默化地知道就餐时要和家人在一起吃。宝宝吃辅食后，多接触不同餐具比正确使用餐具更重要。在探索食物和餐具的阶段，宝宝玩餐具或者扔在地上是他们探索的一部分。有时候家长的不断阻止反而会强化宝宝扔的兴趣，因此家长要适时冷静、宽容地耐心引导。

营养辅食跟我做

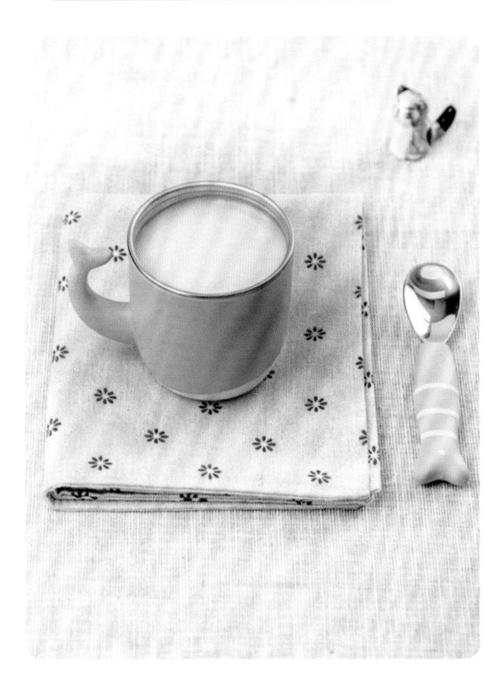

含铁婴儿米粉

原料

婴儿米粉 10 克。

做法

适量水烧开，冷却至 70℃，加入婴儿米粉搅拌成糊即可。

营养功效

婴儿粉富含多种矿物质和维生素，尤其是铁、锌等微量元素，满足宝宝营养需求。

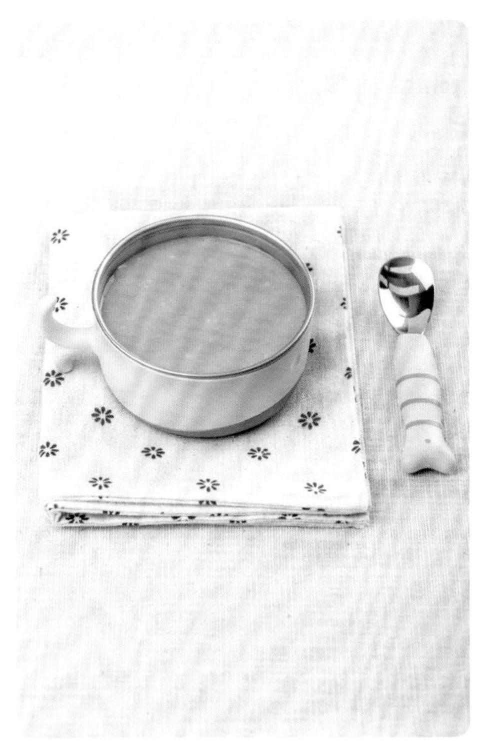

胡萝卜米粉

原料

胡萝卜 50 克，米粉 20 克。

做法

1. 胡萝卜洗净切条，放入料理机中，加适量水打成糊状。
2. 将胡萝卜糊、米粉放入碗中，倒入适量 70℃水，搅拌均匀即可。

营养功效

胡萝卜富含 β－胡萝卜素，可增强视网膜的感光力，是宝宝必不可少的营养素。

大米汤

原料

大米 30 克。

做法

1 大米洗净，提前浸泡 1 小时；放入锅中加适量水，大火煮开后转小火煮至水减半。

2 用汤勺舀取上层米汤，晾温即可。

营养功效

米汤和胃易消化，含有丰富的蛋白质、碳水化合物及钙、磷、铁、维生素 C 等营养成分。

西红柿米汤

原料

西红柿 20 克，米汤适量。

做法

1 西红柿去皮切块，倒入料理机打成泥。

2 锅中倒入适量米汤，放入西红柿泥，煮开晾温即可。

营养功效

西红柿富含维生素，榨成泥和入米汤喝，是宝宝添加辅食后很好的选择。

油菜米汤

原料

油菜 20 克，米汤适量。

做法

1 油菜洗净，放入开水中煮烂，捞出后在碗中研磨成泥。

2 锅中放入适量米汤，倒入油菜泥，煮开晾温即可。

营养功效

油菜所含钙量在绿叶蔬菜中是很高的，有利于宝宝骨骼和牙齿的生长。

黑米汤

原料

黑米 30 克。

做法

1 黑米洗净，用清水浸泡 1 小时。

2 把黑米和水一起倒入锅中大火煮开后，转小火慢慢熬。

3 粥煮熟后，取上层清液 20 毫升，晾温即可。

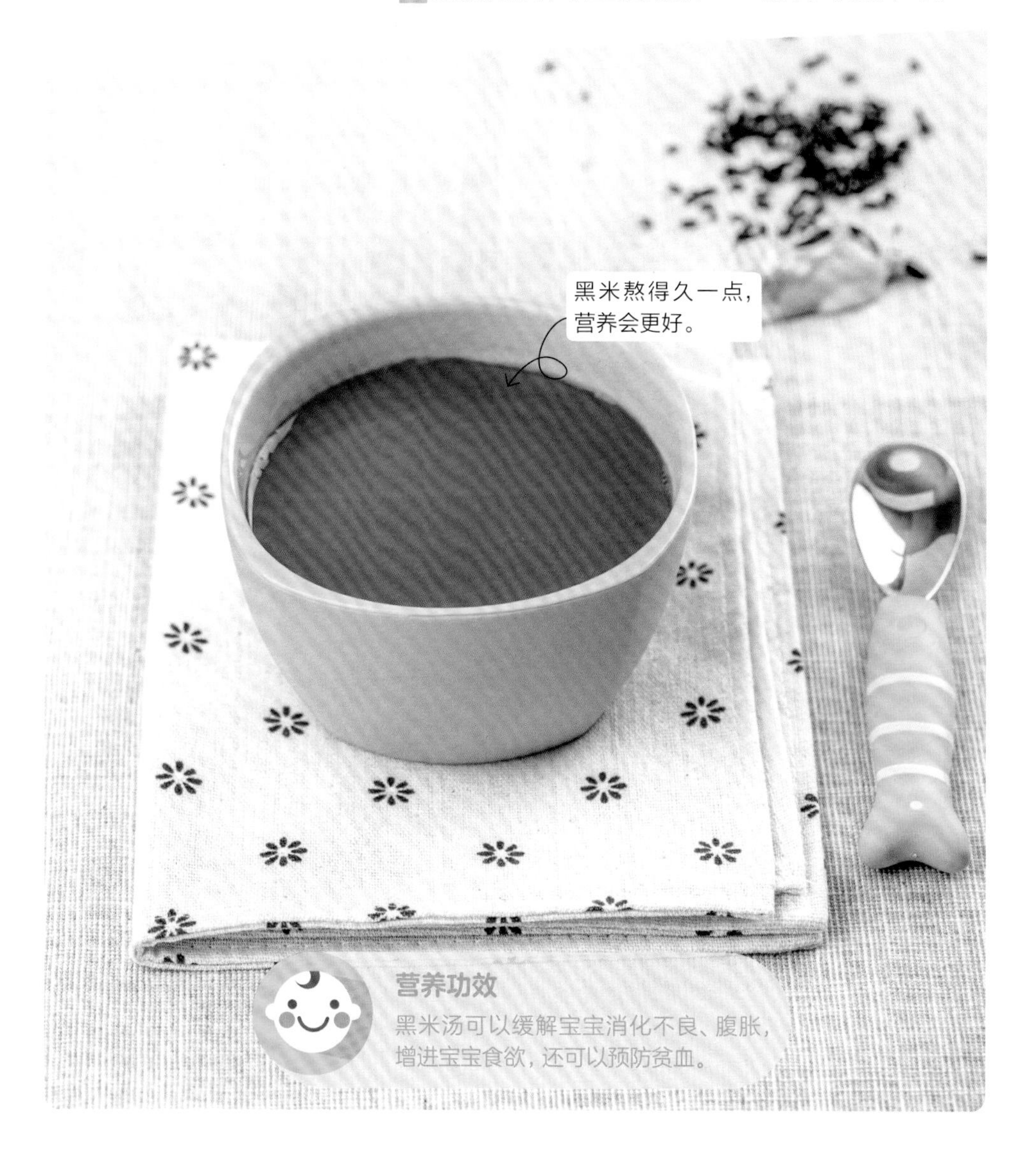

营养功效

黑米汤可以缓解宝宝消化不良、腹胀，增进宝宝食欲，还可以预防贫血。

西蓝花汁

原料

西蓝花 30 克。

做法

1. 西蓝花洗净、掰成小朵；锅烧热水，放入西蓝花煮熟。
2. 将熟西蓝花放入榨汁机中，倒入适量温水，过滤出西蓝花汁即可。

营养功效

西蓝花中维生素 C 的含量远高于普通蔬菜，且西蓝花有解毒能力，可提高宝宝的免疫力。

黄瓜汁

原料

黄瓜半根。

做法

1. 黄瓜洗净，去皮，切成小块。
2. 将黄瓜块放入榨汁机中，加适量温水，榨成汁即可。

营养功效

黄瓜富含钙、铁、维生素 B_2，有提高人体免疫功能的作用，可以让宝宝远离疾病。

玉米汁

原料

嫩玉米 1 根。

做法

1 嫩玉米煮熟，把玉米粒掰到碗里。

2 将玉米粒倒入榨汁机中，放适量温水榨汁。

3 用漏网去渣，取汁水即可。

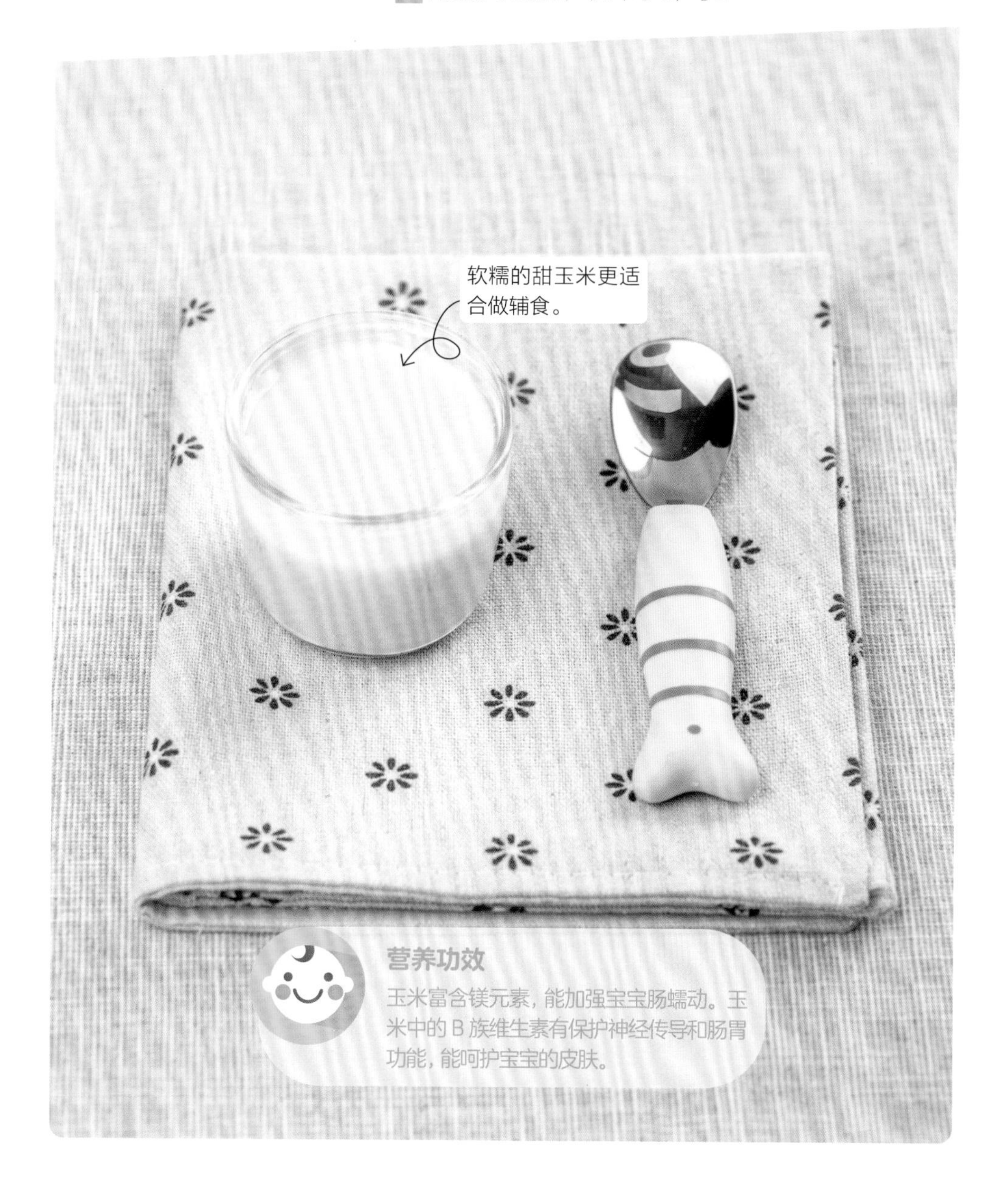

营养功效

玉米富含镁元素，能加强宝宝肠蠕动。玉米中的 B 族维生素有保护神经传导和肠胃功能，能呵护宝宝的皮肤。

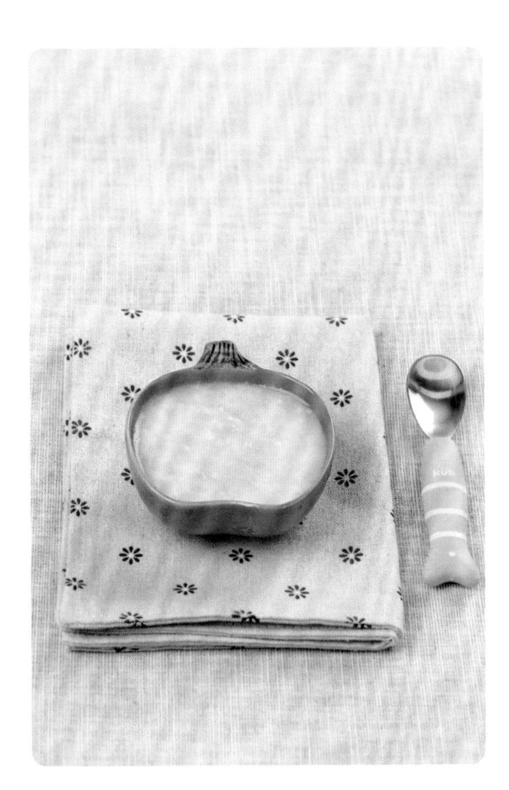

苹果米糊

原料

苹果 25 克，婴儿米粉 20 克。

做法

1. 苹果洗净，去皮、去核，切成小块，用料理机打成泥。
2. 苹果泥中放入米粉，倒入适量温水，搅拌成糊状即可。

营养功效

苹果米糊营养价值高，可促进宝宝肠胃消化。苹果泥对宝宝的缺铁性贫血有较好的防治作用。

圆白菜米糊

原料

圆白菜 20 克，婴儿米粉 15 克。

做法

1. 圆白菜洗净，撕成片；放入开水中焯 1 分钟。
2. 将圆白菜蒸煮 10 分钟，放入料理机打成泥。圆白菜泥、米粉混合，加适量温水搅拌即可。

营养功效

圆白菜营养丰富，味道清新，能为宝宝补充生长发育所需的维生素 A、胡萝卜素等营养物质。

小米糊

原料

小米 30 克。

做法

1 小米洗净，清水浸泡 2 小时。将泡好的小米放入研磨器中，加少许水磨成小米浆。

2 把小米浆倒入奶锅中，小火慢慢加热至沸腾即可。

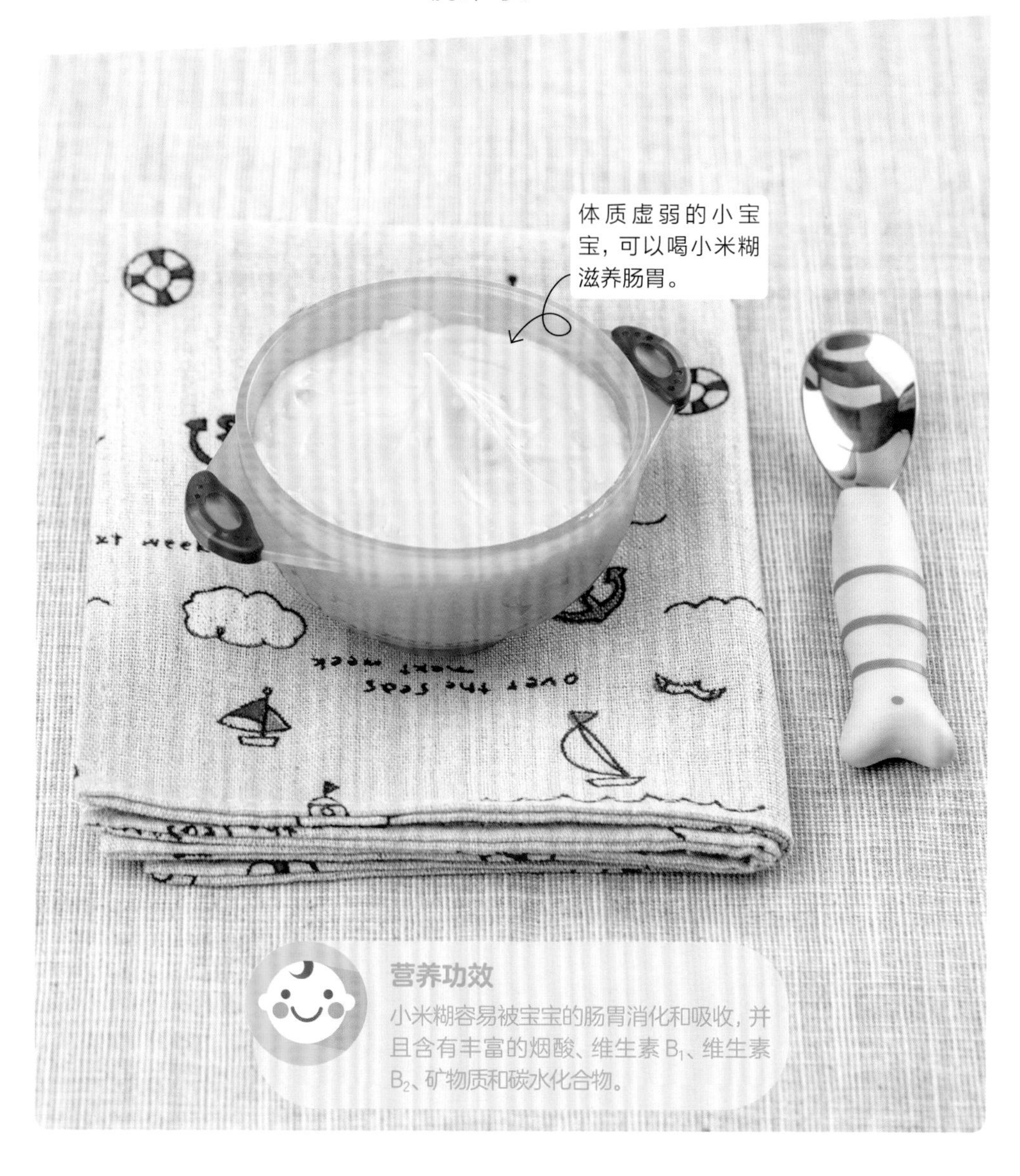

营养功效

小米糊容易被宝宝的肠胃消化和吸收，并且含有丰富的烟酸、维生素 B_1、维生素 B_2、矿物质和碳水化合物。

青菜泥

原料

油菜 50 克。

做法

1. 将油菜洗净，沥水。
2. 锅烧热水，放入油菜煮 15 分钟捞出，晾凉后切碎，捣成泥即可。

营养功效

油菜中含有大量的膳食纤维，有助于宝宝排便，并保护胃黏膜。

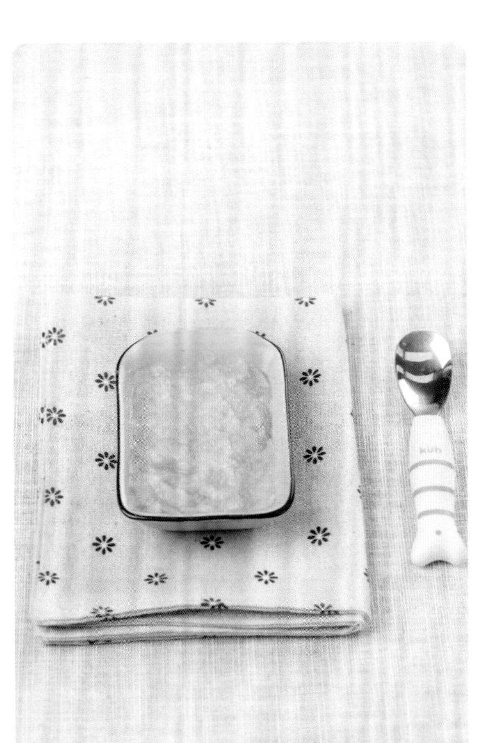

苹果泥

原料

苹果半个。

做法

1. 将苹果洗净，对半切开，去核、去皮。
2. 用勺子把苹果慢慢刮成泥状即可。

营养功效

苹果中含有丰富的鞣酸、果胶、膳食纤维等，可以缓解宝宝便秘症状。

南瓜糊

原料

南瓜 50 克。

做法

1. 南瓜洗净去皮，去籽，切成小块。
2. 将南瓜块放入锅中，加适量清水煮熟，将熟南瓜块捣碎，加适量温水拌匀即可。

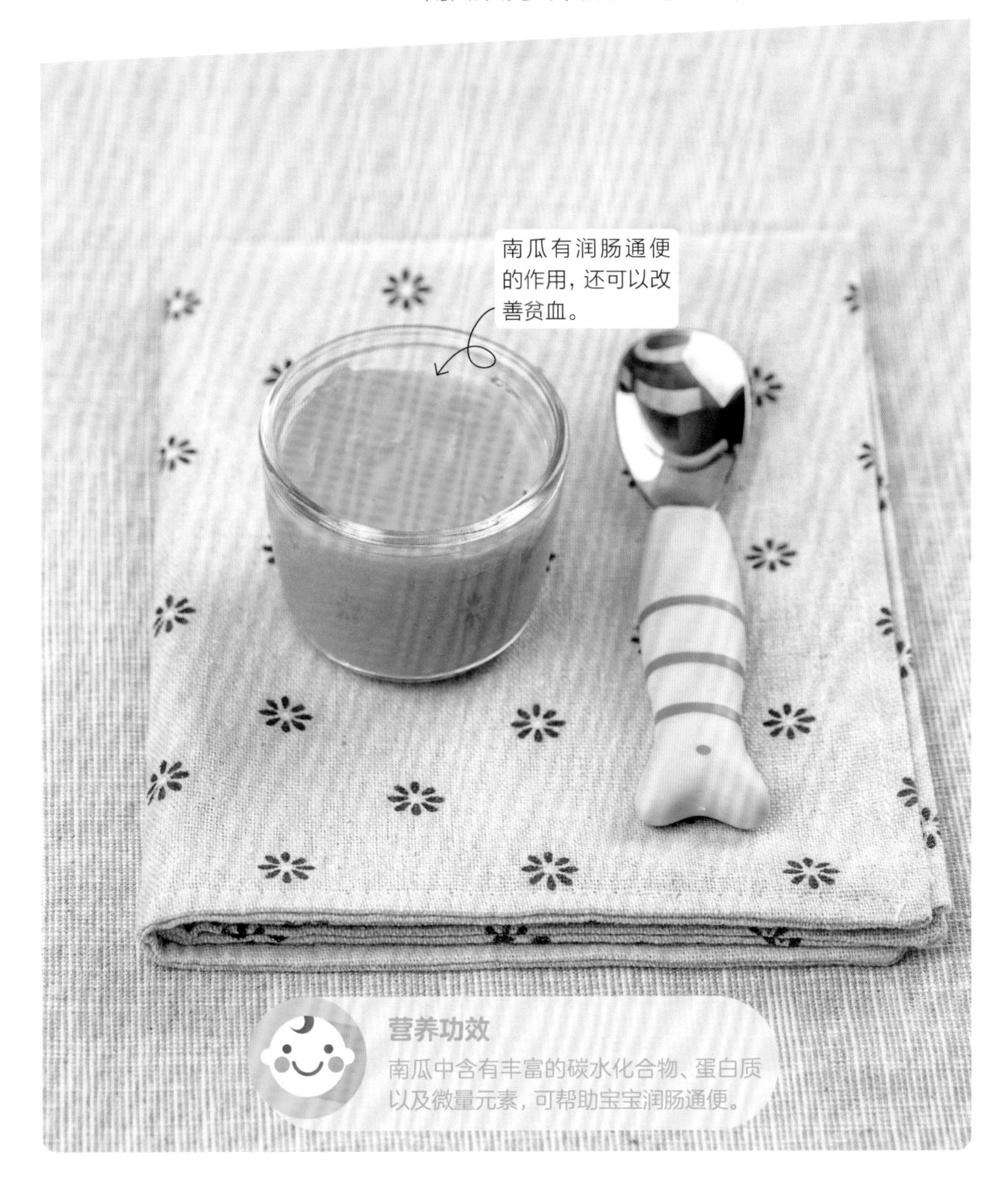

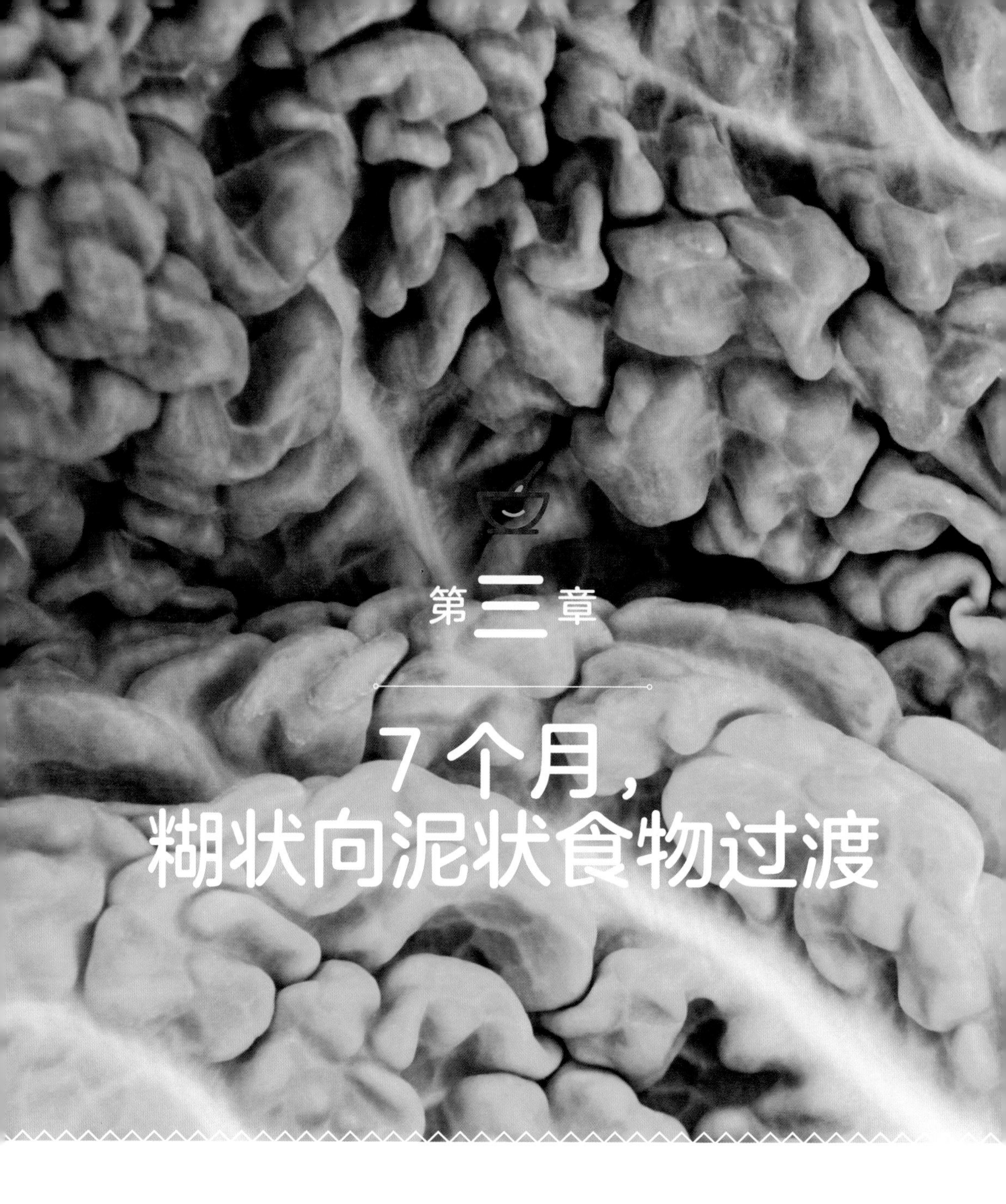

第三章

7个月，糊状向泥状食物过渡

宝宝已经适应添加辅食了，对食物的接受程度也在慢慢提高。本月添加辅食也要注意补充铁以及其他多种营养素，否则宝宝可能会出现贫血。

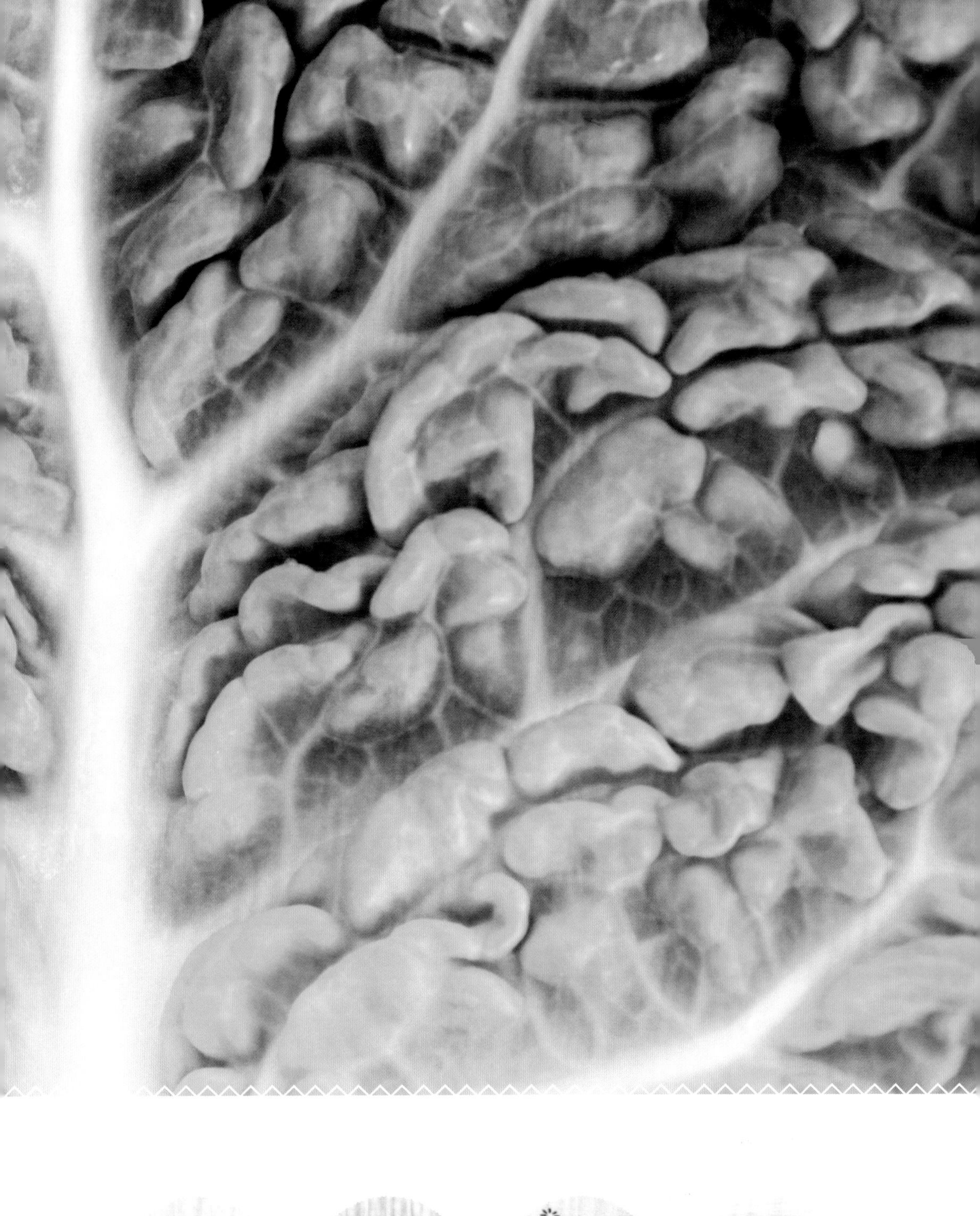

第 7 个月的喂养指南

家长这时要逐渐改变辅食性状，由原来易吞咽的水、糊状食物向需要带点咀嚼感的泥状食物过渡。宝宝身体在快速发育，不仅需要摄入营养密度高的食物，还需要略带咀嚼感的食物以刺激宝宝牙龈出牙。

这个月龄段的宝宝主食为母乳和配方奶，奶量不变，但此时有的宝宝已经出牙，可以喂 1~2 片饼干，也可以让宝宝吃一些米粥、菜粥、果泥、米粉，还可以吃一些煮得比较烂的面条，这样能够锻炼宝宝的吞咽能力和咀嚼能力，还能够让宝宝有更多的营养摄入。添加的辅食品种要丰富多样，做到荤素搭配。在宝宝发育的高峰期，充足的钙可促进骨骼和牙齿的发育，并抑制神经的异常兴奋。

早上 6 点半：母乳或配方奶 180 毫升。

上午 9 点：青菜泥 15~20 克，母乳或配方奶 120 毫升。

中午 12 点：母乳或配方奶 120 毫升。

下午 3 点：蔬菜米糊 30 毫升。

傍晚 6 点：少量辅食，母乳或配方奶 150 毫升。

晚上 8 点：母乳或配方奶 120 毫升。

晚上 11 点：母乳或配方奶 180 毫升。

在为宝宝添加辅食时，分量要把握好，应从少到多。刚开始的时候要给宝宝试吃，适应之后才能够逐渐增加分量。每次添加的规格要从一天一次，到后期的一天三四次，这样才能够让宝宝更好地适应，让宝宝肠胃接受。不过，也要注意辅食的黏稠度，应该从稀到稠。

刚开始添加米粉时注意不要调得太浓，每次喂给宝宝的量要少。尊重宝宝吃的意愿，不勉强进食。如果宝宝实在不喜欢，可以尝试换其他米粉。

妈妈要注意的事

学用杯子

根据美国儿科学会的建议，宝宝6个月之后要学习使用杯子，1岁时停止使用奶瓶，最晚18个月一定要彻底戒除奶瓶。这是因为宝宝抱着奶瓶入睡容易导致龋齿。此外，宝宝依赖奶瓶、奶嘴，会影响口腔的发育，易出现龅牙、反颌等现象。

最开始只在吃奶的时间给宝宝奶瓶，其他时间家长可以转移宝宝注意力，藏起奶瓶。也要注意给宝宝一个代替品，比如给宝宝买一个鸭嘴杯，等宝宝再大一些可换成敞口杯。戒掉奶瓶对宝宝来说并不简单，家长要循序渐进地让宝宝习惯使用水杯。

乳牙生长

人一生长两副牙齿，即乳牙和恒牙。婴儿时期所出的牙称为乳牙，共20颗。一般宝宝在6~7个月时开始萌出乳牙；1岁时出到6~8颗；2岁时出到18~20颗。6岁时换牙，到12岁左右会长齐28颗恒牙。

出牙期间，宝宝会有很多的不适，比如烦躁不安、流口水、牙龈肿胀等，这些都是正常现象，家长不用太过焦虑，可以给宝宝手指食物来啃咬，以缓解不适。

小小餐桌礼仪

从第一口辅食开始，宝宝就要坐在餐椅上吃饭。让宝宝习惯餐椅才是吃饭的地方，要等宝宝坐好了，家人再递上食物。

如果想锻炼宝宝自己吃饭，可以让宝宝自己拿小饼干、面包皮等手指食物吃。家长可以做吃东西的动作来让宝宝学习。在宝宝自己吃东西的时候，家长必须要陪着宝宝，避免发生意外。因为刚刚接触食物，宝宝玩食物、餐具等行为都是可以接受的，一定不要用玩玩具或者看电视的方式分散注意力，要让宝宝养成良好的习惯。

营养辅食跟我做

南瓜土豆泥

原料

南瓜、土豆各30克。

做法

1. 土豆、南瓜分别去皮，切丁。
2. 将土豆丁、南瓜丁放蒸锅蒸熟，压成泥。
3. 在南瓜土豆泥中加入适量温开水，搅拌均匀即可。

营养功效

南瓜中含丰富的锌；土豆中的蛋白质最接近动物蛋白，可促进宝宝生长发育。两者搭配，营养均衡。

油菜玉米糊

原料

油菜50克，玉米面10克。

做法

1. 油菜洗净，热水焯熟，捞出，放凉后捣成泥；玉米面中加适量水搅成糊。
2. 锅烧热水，边搅边倒入玉米糊。
3. 玉米糊煮熟后倒入油菜糊拌匀即可。

营养功效

玉米面中的维生素 B_6、烟酸等成分具有刺激胃肠蠕动，加速排便的功能，可防治宝宝便秘。

菠菜米糊

原料

米粉 20 克，
菠菜 10 克。

做法

1. 米粉中加适量水，搅成糊，倒入锅中，大火煮 5 分钟。
2. 将菠菜洗净，用开水焯 1 分钟。
3. 将焯好的菠菜剁成末，与米粉一起煮至菠菜末软烂即可。

菠菜泥大米粥

原料

菠菜30克，大米20克。

做法

1 菠菜洗净，放入热水中焯熟，捞出后用汤勺捣成泥。

2 大米洗净，浸泡1小时，加入适量水，大火煮沸转小火熬成粥。

3 出锅前将菠菜泥倒入锅中，搅匀，再煮3分钟即可。

营养功效

宝宝多吃菠菜可预防缺铁性贫血，还可有效保护眼睛，吃出好视力。

草莓米粉羹

原料

草莓2个，米粉20克。

做法

1 草莓洗净切块，放入料理机加适量温开水，打匀。

2 米粉加适量70℃温水调匀，将草莓汁过滤后倒入米粉中调匀即可。

营养功效

草莓中维生素C的含量比苹果、葡萄高7~10倍，是宝宝补充维生素的上佳选择。

山药大米羹

原料

山药20克，
大米30克。

做法

1. 大米洗净，浸泡1小时；山药去皮洗净，切成块。
2. 大米和山药块放入料理机打成汁。
3. 在锅里倒入山药大米汁，用小火煮至羹状即可。

冬瓜粥

原料

冬瓜 20 克，大米 30 克。

做法

1 大米洗净，浸泡 1 小时；冬瓜洗净，去皮，切成小丁。

2 将冬瓜、大米放入锅中，加适量清水；大火煮沸转小火熬至黏稠即可。

营养功效

冬瓜中含有维生素 C、膳食纤维和钙等营养成分，有清热解毒的作用，很适宜宝宝夏天食用。

小米玉米糙粥

原料

小米 20 克，玉米糙 30 克。

做法

1 将小米、玉米糙洗净。

2 将小米、玉米糙放入锅中，加适量水，大火煮沸后转小火熬熟至黏稠即可。

营养功效

小米具有温和脾胃的作用，搭配玉米糙，在熬煮过程中释放大量钙元素，促进宝宝补钙强身。

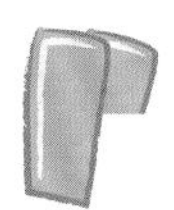

紫薯泥

原料

紫薯50克。

做法

1 紫薯洗净，去皮切块。

2 放入锅中蒸熟，加入适量温水，捣成泥即可。

营养功效

紫薯中含有丰富的矿物质和花青素，能清除人体毒素，提高宝宝免疫力。紫薯还可以促进消化，预防宝宝便秘问题。

胡萝卜南瓜泥

原料

胡萝卜、南瓜各 30 克。

做法

1. 胡萝卜洗净，去皮，切丁；南瓜洗净，去皮，切片。
2. 将胡萝卜丁和南瓜片放入锅中蒸熟。
3. 将蒸熟的胡萝卜丁、南瓜片放入搅拌机中，加适量温水，打成细腻的泥状物即可。

营养功效

胡萝卜中含有的膳食纤维，南瓜中含有的果胶，都可以加强胃肠蠕动，预防宝宝便秘。

土豆苹果泥

原料

土豆、苹果各 50 克。

做法

1. 苹果洗净，去皮，切块；土豆洗净，去皮，切块。
2. 将苹果块放入搅拌机打成泥状；土豆块上锅蒸熟后捣成泥。
3. 将苹果泥倒入土豆泥中，加适量温水调匀即可。

营养功效

土豆和胃，苹果健脾，两者搭配有助消化，促进食欲，可提高宝宝的免疫力。

香蕉泥

原料

香蕉 50 克。

做法

1 香蕉剥皮后，切成片状。

2 用料理机打成香蕉泥即可。

营养功效

香蕉中含磷、维生素 A、维生素 C 和膳食纤维，能有效维护宝宝皮肤的健康。香蕉能润肠通便，保护胃黏膜。

胡萝卜鸡肉泥

原料

胡萝卜、鸡肉各 20 克。

做法

1. 鸡肉洗净，去掉鸡皮，切块；胡萝卜洗净，切成薄片。
2. 烧热水把胡萝卜片、鸡肉块煮熟。
3. 将胡萝卜片和鸡肉块放入搅拌机中打泥，加适量温水调匀即可。

营养功效

鸡肉中富含蛋白质、脂肪、维生素及矿物质；胡萝卜中含有丰富的胡萝卜素，可促进宝宝健康成长。

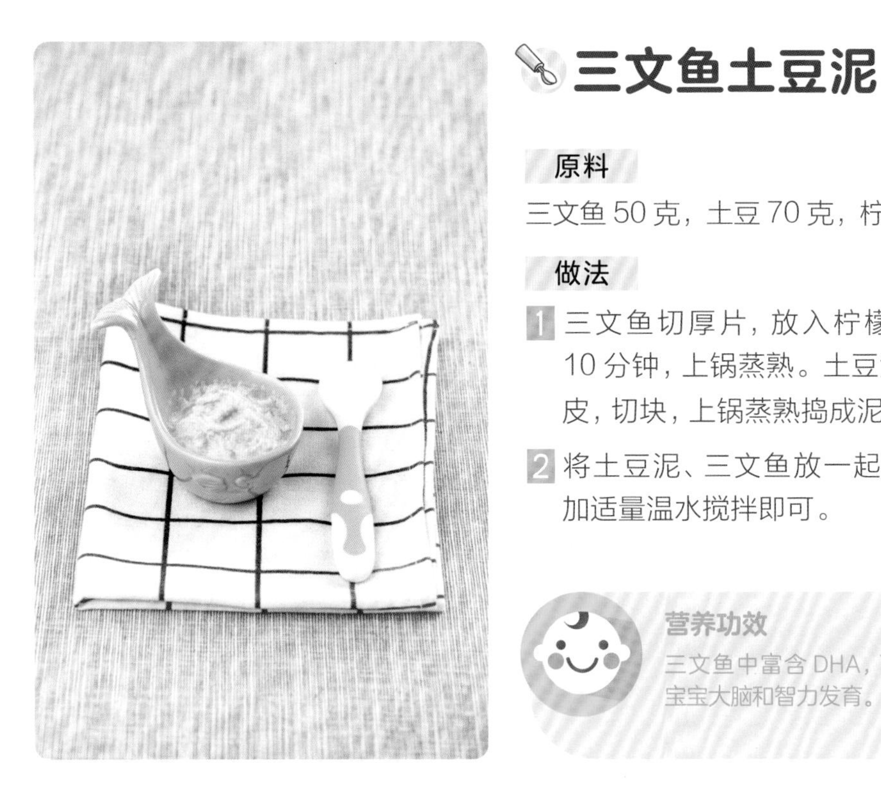

三文鱼土豆泥

原料

三文鱼 50 克，土豆 70 克，柠檬 2 片。

做法

1. 三文鱼切厚片，放入柠檬片腌制 10 分钟，上锅蒸熟。土豆洗净，去皮，切块，上锅蒸熟捣成泥状。
2. 将土豆泥、三文鱼放一起捣成泥，加适量温水搅拌即可。

营养功效

三文鱼中富含 DHA，可以促进宝宝大脑和智力发育。

青菜面

原料

小白菜 20 克，
细面条 50 克。

做法

1 小白菜洗净，用热水焯烫一下，切碎。

2 将细面条煮熟烂，盛出后捣得烂一些。

3 将小白菜碎倒入面条中拌匀即可。

营养功效

小白菜中含有丰富的维生素和膳食纤维，可提高宝宝肠胃的消化能力，还能够补充丰富的胡萝卜素。

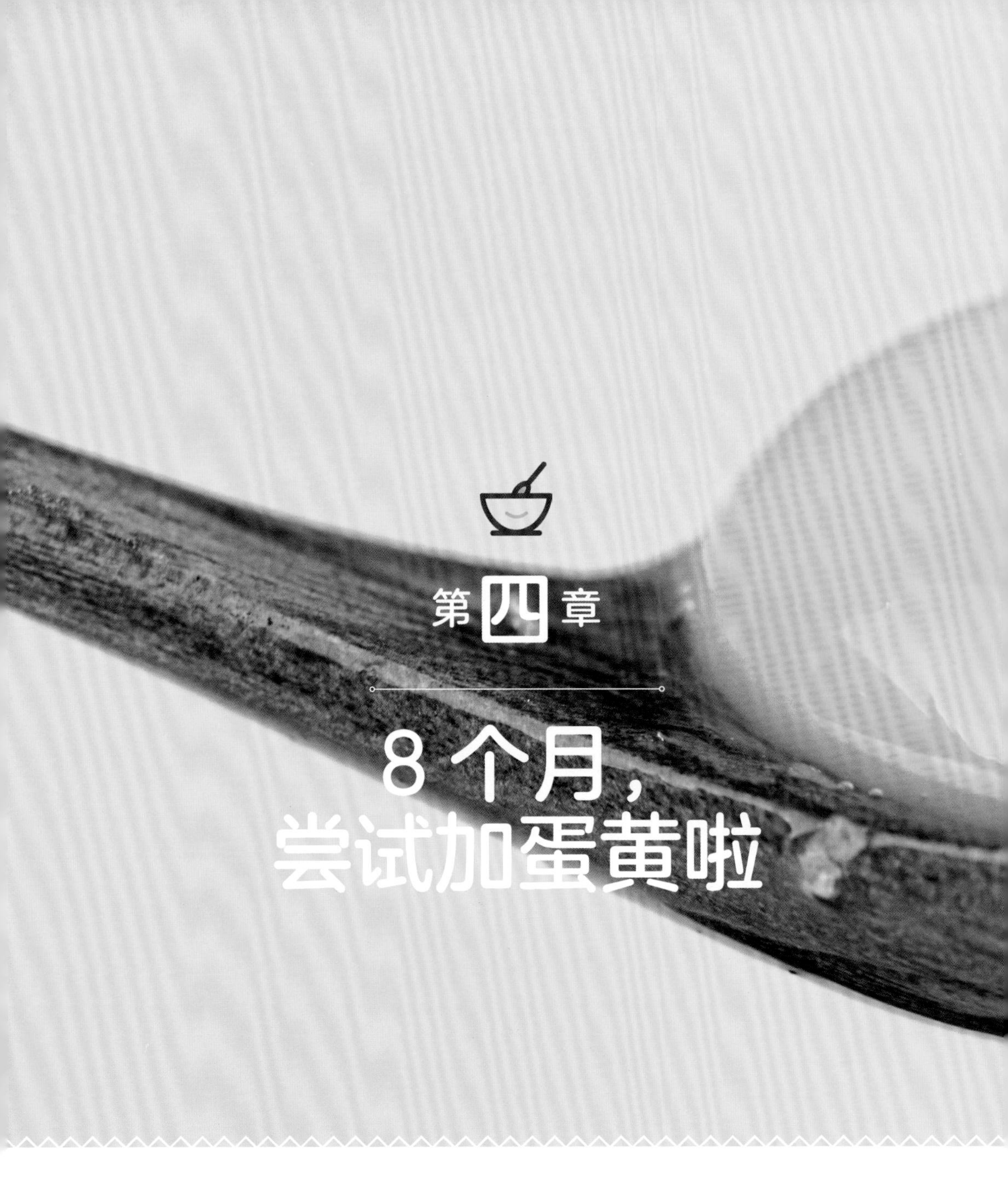

第四章 8 个月，尝试加蛋黄啦

8 个月宝宝的消化酶可以消化蛋白质了。宝宝体重每千克每天需要 2.3 克蛋白质，可以给宝宝多喂一些含蛋白质的蛋、肉类食物。这个时期宝宝咀嚼能力还比较弱，辅食还是多以泥糊状为主，但辅食要逐渐带一点颗粒感，锻炼宝宝的咀嚼力。这时候如果没有宝宝过敏的食物，大部分食物都可以吃了，如比较烂的粥、碎肉、蛋黄等，也要注意给宝宝搭配吃一些果泥、菜泥。

第 8 个月的喂养指南

8~10 个月是宝宝锻炼咀嚼能力的黄金时期，8 个月宝宝辅食的性状为“稠糊”或“泥蓉状糊”，可以尝试添加软烂的碎粒状辅食，来培养宝宝咀嚼的习惯，要有略微颗粒感。

宝宝在一点点地长大，充足的钙有利于宝宝骨骼发育，这个阶段宝宝每日补钙量大约 350 毫升，应多吃一点含钙高的食物，如菠菜、芹菜等。天气好的情况下，带宝宝适当晒太阳可以促进宝宝对钙的吸收。哺乳的妈妈也要多吃含钙丰富的食物。

早上 7 点：母乳或配方奶 200 毫升。

上午 10 点：母乳或配方奶 120 毫升，蒸蛋黄 1/4 个（鱼泥 15 克）。

中午 12 点：各种泥蓉状辅食 4~5 勺，母乳或配方奶 150 毫升。

下午 3 点：母乳或配方奶 150 毫升，肉泥 20 克。

晚上 8 点：各种泥蓉状辅食 4~5 勺。

晚上 10 点：母乳或配方奶 200 毫升。

宝宝这时候可以品尝更多美味，如芋头、蛋黄、碎菜、碎肉等。此时，为宝宝做饭要多一点花样，经常为宝宝变换口味，可以提高宝宝食欲。喂宝宝鸡蛋时，一定要注意熟透，去掉蛋清，先从 1/4 个蛋黄开始尝

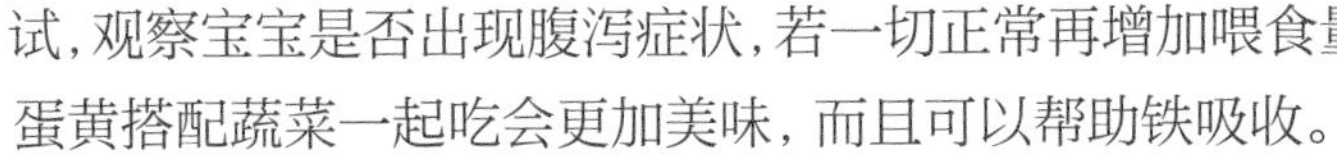
试，观察宝宝是否出现腹泻症状，若一切正常再增加喂食量。蛋黄搭配蔬菜一起吃会更加美味，而且可以帮助铁吸收。

锻炼宝宝咀嚼能力

这个时候宝宝的小牙在萌芽了，有的宝宝已经长出来一两颗牙。妈妈可以通过食物锻炼宝宝的咀嚼能力，比如给宝宝小节磨牙饼干或手指食物，监护宝宝进食，让宝宝每次吃一小块。这样不仅可以刺激牙龈，促使乳牙萌出，又给宝宝咀嚼固体食物的初步尝试，还可培养手拿自食本领。宝宝萌牙期可能会出现牙龈肿胀，从而没有食欲。妈妈可以为宝宝按摩牙龈，让宝宝先吃母乳或配方奶，再吃辅食。总之，爸爸妈妈多亲近宝宝，在一起做游戏，帮助宝宝转移注意力。

妈妈要注意的事

每天要让宝宝吃些水果

水果富含多种维生素和矿物质，是宝宝饮食结构中必不可少的一部分。但水果不能完全用鲜榨果汁代替，果汁中膳食纤维含量低，而且容易摄入过多糖分，不利于宝宝的牙齿健康。鲜榨果汁可以喝，两三天喝一次为好，果汁往往酸性大，对宝宝肠胃太刺激，应该加水稀释再给宝宝喝，1岁以前每次不要超过100毫升。

另外，果汁饮料或水果罐头最好不要给宝宝吃，里面不仅含有大量添加剂，糖分还高，营养价值较低。

注意宝宝对鱼、蛋是否过敏

每次新添加辅食都容易让消化力弱的宝宝出现不适，尤其是新添加的肉、蛋、海鲜都容易引起宝宝过敏。如果宝宝出现呕吐、腹泻、红疹等症状，都需要停止喂食，并及时就医。如果有家庭过敏史，如花粉过敏、食物过敏等，要等到宝宝1岁以后再尝试吃海鲜。

小小餐桌礼仪

妈妈要培养宝宝在饭点专心吃饭的习惯。如果宝宝在餐椅上玩玩具，多半是不饿了，这时可以让宝宝离开餐椅。养成宝宝吃饭时不玩玩具、手机和看电视的好习惯。家长吃饭时也要关照下宝宝，跟他聊聊食物，引导他更多地关注食物，而不再只记得玩玩具。给宝宝合适的手指食物，让宝宝自主进食。当宝宝双手忙于自己喂自己时，他们就会吃得更加专注，而不是想着要玩玩具。帮宝宝戒掉坏习惯时，更多地需要家长引导，而不是严令禁止。

营养辅食跟我做

黄瓜鸡肉泥

原料

黄瓜 30 克，鸡肉 50 克。

做法

1 黄瓜洗净，切成条；鸡肉洗净，上锅蒸熟后切成块。

2 将黄瓜条、鸡肉块放入搅拌机中，加适量水，打成泥即可。

营养功效

鸡肉中蛋白质的含量较高，而且容易被人体消化吸收，可以促进宝宝身体生长发育。

蛋黄泥

原料

鸡蛋 1 个。

做法

1 鸡蛋洗净，放入锅中加适量水，煮熟。

2 取 1/4 个蛋黄，用勺子碾成泥，加适量温水拌匀即可。

营养功效

蛋黄中含有铁和丰富的蛋白质，让宝宝身体更强壮。

油菜猪肝泥

原料

猪肝 10 克，
油菜 25 克。

做法

1 猪肝洗净，切片；油菜洗净，用热水焯 2 分钟。

2 将猪肝片、油菜放入搅拌机，打成泥。

3 将猪肝青菜泥放入锅中，加适量清水，用小火煮至猪肝熟烂即可。

燕麦蛋黄羹

原料

鸡蛋黄1个，燕麦片20克。

做法

1. 燕麦加入沸水冲泡浓稠，打入鸡蛋黄，拌匀。
2. 将燕麦蛋黄羹放入锅中蒸熟即可。

营养功效

燕麦加入滑嫩的蛋黄羹中，可促进宝宝的肠胃蠕动，改善宝宝的便秘症状。

鱼肉蛋黄泥

原料

鱼肉30克，熟蛋黄1/4个。

做法

1. 鱼肉洗净，上锅蒸熟；熟蛋黄压成泥。
2. 将蒸熟的鱼肉剔除刺，捣成泥状。
3. 熟蛋黄泥倒入鱼肉泥中，加适量温水，拌匀即可。

营养功效

鸡蛋中主要的矿物质、维生素、磷脂等多在蛋黄中，对于宝宝来说，蛋黄是非常好的食材。

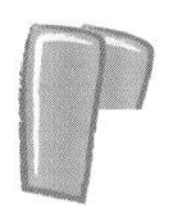

芹菜虾仁粥

原料

芹菜20克，
虾仁3个，
大米30克。

做法

1 芹菜洗净，切成碎末；虾仁剁成虾泥；大米洗净。

2 将大米放入锅中，加适量清水，大火煮沸后放入虾泥。

3 虾泥变红后放入芹菜碎，将所有食材煮熟即可。

营养功效

虾仁营养丰富，易消化，且富含优质高蛋白，可满足宝宝成长需求。芹菜含铁量较高，可预防宝宝缺铁性贫血。

绿豆南瓜汤

原料

南瓜 50 克，绿豆 20 克。

做法

1 南瓜洗净，去皮，切成小丁；绿豆用清水泡 1 小时。

2 将绿豆放入锅中，加适量水，煮至绿豆开花时放入南瓜丁，中火煮 20 分钟，至汤浓稠即可。

营养功效

南瓜多糖能提高机体免疫功能，绿豆南瓜汤适宜夏季给宝宝食用，有消暑开胃的功效。

红薯红枣小米粥

原料

红薯 30 克，红枣 3 个，小米 20 克。

做法

1 红枣提前浸泡，洗净，切成薄片；红薯洗净，去皮，切成薄片；小米洗净。

2 小米放入锅中加适量清水，大火煮沸后加入红枣、红薯片，转小火煮至小米、红薯片熟烂即可。

营养功效

红枣搭配红薯滋补功效明显，可以预防宝宝缺铁性贫血，美味又营养。

胡萝卜苹果泥

原料

胡萝卜 30 克，
苹果 50 克。

做法

1 苹果洗净，去皮，切小块；胡萝卜洗净，切薄片。

2 将苹果块、胡萝卜片上锅蒸熟，放入搅拌机中打成泥即可。

水果、蔬菜巧搭配，味道酸酸甜甜，不但宝宝喜欢吃，而且对身体健康也有益。

营养功效

胡萝卜中含有大量胡萝卜素、维生素 A，有补肝明目的作用；维生素 A 是骨骼正常生长发育的必需物质，对促进婴幼儿的生长发育很重要。

火龙果汁

原料

红心火龙果 50 克。

做法

1 火龙果去皮，切块。

2 将火龙果块放入榨汁机中，加适量温水榨成汁即可。

营养功效

火龙果汁中含有丰富的植物蛋白和膳食纤维，可促进宝宝身体代谢，预防便秘。

香蕉奶粥

原料

香蕉 50 克，配方奶 80 毫升。

做法

1 香蕉去皮，捣成泥。

2 将香蕉倒入配方奶中，小火煮沸后再煮 5 分钟即可。

营养功效

香蕉中含有优质的植物蛋白质、维生素、氨基酸、矿物质等，对宝宝肠道健康非常有益。

大米花生汤

原料

大米 20 克，
花生 10 颗。

做法

1 大米洗净，浸泡 1 小时；花生一掰两半。
2 大米倒入锅中，加适量水，倒入花生，熬成粥，待温热不烫后，取米粥上的清液即可。

胡萝卜鸡蛋面

原料

生蛋黄1个，胡萝卜30克，宝宝面条20克。

做法

1 胡萝卜洗净，切小丁；生蛋黄上锅蒸熟。

2 锅烧热水，放入宝宝面条、胡萝卜丁，煮熟后拌入鸡蛋黄即可。

营养功效

胡萝卜具有保护宝宝眼睛、润肠通便、增强免疫力的功效，蛋黄可以为宝宝补充钙质。

西蓝花土豆泥

原料

西蓝花、土豆各30克。

做法

1 西蓝花洗净，用盐水浸泡5分钟后热水焯烫；土豆洗净，去皮，切小块。

2 将西蓝花、土豆块上锅蒸熟，放入搅拌机中打成泥即可。

营养功效

西蓝花土豆泥可以补钙，土豆具有健脾益气的功效，能够使宝宝有个好胃口。

西红柿猪肝泥

原料

西红柿 50 克，
猪肝 20 克。

做法

1 将猪肝洗净，去掉筋膜和脂肪，切成小块；西红柿洗净，过沸水焯烫后去皮。

2 猪肝块放入沸水中煮熟，放入搅拌机中，加适量水，搅打成糊状；西红柿捣成泥浆。

3 将西红柿泥、猪肝泥放入碗中，拌匀，上锅蒸 5 分钟即可。

酸爽的西红柿泥可以遮掩猪肝泥的腥味，提高宝宝的胃口。

营养功效

猪肝补铁，加上富含维生素 C 的西红柿，能够促进宝宝对铁元素的吸收，而且解毒清热。

第五章

9个月，尝试嚼着吃

随着宝宝逐渐长大，胃口也在增加，咀嚼能力、消化能力也在加强。宝宝辅食次数可以调整为每天三四次。宝宝1岁以内的奶量还是要保证每天不少于600毫升。9个月大的宝宝已经有了小乳牙，可以吃一些半固体食物，如烂面条等；蔬菜、水果不必要打成泥糊状，稍微带点颗粒感给宝宝吃，同时注意培养宝宝自己吃饭的兴趣。

第 9 个月的喂养指南

宝宝的辅食计划进行得很顺利，小牙齿可以压碎食物了。这个阶段，家长应该鼓励宝宝自己拿勺吃饭，给宝宝围上围巾，铺上桌布，不要怕他弄脏地板或衣服。家长要注意饮食安全，避免宝宝自己吃的食物里有骨渣或汤汁里有不易咀嚼的颗粒。

> **早上 7 点：**母乳或配方奶 200 毫升。
>
> **中午 11 点：**花样粥（鸡蛋羹、菜末 30 克）。
>
> **下午 3 点：**母乳或配方奶 200 毫升，水果 30 克。
>
> **傍晚 6 点：**烂面条（鱼 30 克、肉末 30 克、豆腐 30 克）。
>
> **晚上 9~10 点：**母乳或配方奶 200 毫升。
>
> **深夜：**可能还需要母乳或配方奶喂养 1 次。对于经常便秘的宝宝，菜末可选菠菜、圆白菜、萝卜、葱头等含膳食纤维多的食物。

这个时期的宝宝牙齿没有出全，食物要以细碎为主，加大食物的硬度，注意观察宝宝的大便，出现一点点菜渣是正常的，但如果菜渣过多则说明宝宝消化不良，这时应该把食物做得再细软一些。宝宝每天喝奶量不少于 600 毫升。一日三餐食物中要注意添加肉、蛋黄、肝泥、豆腐等食物来补充蛋白质；以米粥、面片等主食补充热量；以蔬菜和水果补充维生素、矿物质和粗纤维。这个时候，宝宝的食物中依然不宜加盐、糖及其他调味品，并且应禁食牛奶和蜂蜜。

吃肉肉要注意

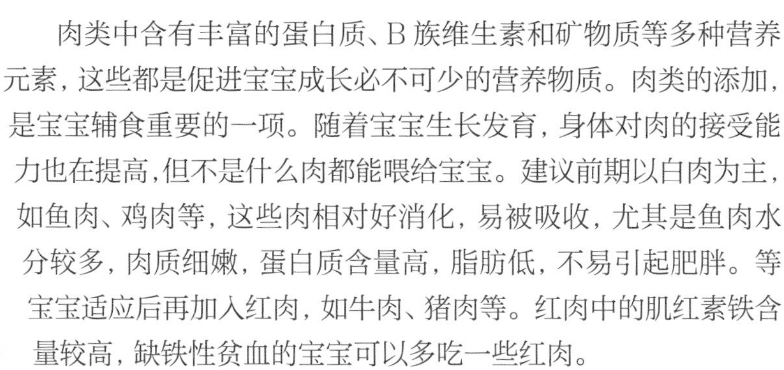

肉类中含有丰富的蛋白质、B 族维生素和矿物质等多种营养元素，这些都是促进宝宝成长必不可少的营养物质。肉类的添加，是宝宝辅食重要的一项。随着宝宝生长发育，身体对肉的接受能力也在提高，但不是什么肉都能喂给宝宝。建议前期以白肉为主，如鱼肉、鸡肉等，这些肉相对好消化，易被吸收，尤其是鱼肉水分较多，肉质细嫩，蛋白质含量高，脂肪低，不易引起肥胖。等宝宝适应后再加入红肉，如牛肉、猪肉等。红肉中的肌红素铁含量较高，缺铁性贫血的宝宝可以多吃一些红肉。

宝宝每添加一种新的肉类，妈妈一定要仔细观察是否有过敏反应，在制作肉食过程中注意不要加入咸味或者辛辣味的调料。

妈妈要注意的事

使用餐具　规律睡眠

使用餐具

小水杯

宝宝6个月后双手有了基本的把握能力，可以在妈妈的帮助下学着使用水杯。随着宝宝长大，杯子应从鸭嘴式过渡到吸管式再到敞口水杯，杯口从软口到硬口。

小碗、小勺

宝宝7、8个月时就想用手抓食物吃，虽然此时宝宝还不能独立进食，但可以培养宝宝用小碗、小勺子的意识。9个月的时候，宝宝就可以边用手抓边拿汤勺往嘴里送食物了。

小围兜

给宝宝戴好前后小围兜，防止食物弄到衣服上。同时也是为了让宝宝逐渐意识到不要把食物弄到衣服上。

培养宝宝规律睡眠的习惯

睡眠质量影响着宝宝的身体健康。通常，宝宝每天上午和下午需要各睡一次，每次2小时左右，一天总的睡眠时间在14~16小时。但有的宝宝白天喜欢玩耍，到了晚上睡觉时间没睡意。这时，妈妈应减少宝宝临睡前的玩耍时间，安安静静地陪在宝宝身旁，轻轻地哼唱一首摇篮曲，直到宝宝睡着为止。宝宝养成习惯后，晚上不睡的问题就可以解决了。

小小餐桌礼仪

家长要帮助宝宝养成在饭桌上不大声叫嚷的习惯。通常，宝宝叫嚷是有原因的，或者是饿急了，或者是吃高兴了，又或者是吃完了想离开等，宝宝的耐心有限，等不及就会叫喊。如果你知道宝宝是想离开餐椅了，可以慢慢地安抚宝宝，指指地，问宝宝是不是要下来。可以引导宝宝模仿你的动作，再抱宝宝下餐椅。在宝宝闹腾时，爸爸妈妈应该设法弄清宝宝想要表达什么，然后给予正确的引导，让宝宝知道在餐桌上叫嚷是爸爸妈妈不喜欢的。

营养辅食跟我做

西葫芦鸡蛋面

原料

西葫芦30克，鸡蛋黄1个，宝宝面条20克。

做法

1. 西葫芦洗净，切碎末；鸡蛋黄蒸熟。
2. 锅烧热水放入面条、西葫芦碎末，煮熟后拌入鸡蛋黄搅匀即可。

营养功效

西葫芦的营养价值很高，含有较多维生素C和葡萄糖等营养物质，尤其是钙的含量极高。

土豆胡萝卜肉末羹

原料

土豆、胡萝卜各30克，肉末20克。

做法

1. 土豆洗净去皮，切成小块；胡萝卜洗净，切成小块。
2. 将土豆块、胡萝卜块、肉末上锅蒸熟，搅拌在一起，捣成泥即可。

营养功效

胡萝卜可以补充维生素A，保护视力，还可以抑制过敏；搭配肉末，更加美味营养。

鱼菜泥

原料

鱼肉 20 克，
青菜 30 克。

做法

1. 将青菜、鱼肉洗净，剁成碎末。
2. 青菜末、鱼肉末放入锅中蒸熟，混合搅拌，加适量温水调匀即可。

营养功效

鱼肉富含高蛋白，搭配青菜，补充多种维生素，营养均衡，提高宝宝免疫力。

西红柿面

原料

宝宝面条 30 克，西红柿 50 克。

做法

1 西红柿洗净，用热水焯烫后去皮，捣成泥。

2 面条掰碎，放入沸水中，煮至绵软，放入西红柿泥，煮熟即可。

营养功效

西红柿所含的有机酸，可促进钙、铁元素吸收，强健宝宝骨骼。

鱼肉粥

原料

大米 30 克，鱼肉 50 克。

做法

1 鱼肉洗净去刺，剁碎；大米洗净。

2 将大米放入锅中，加适量水煮熟，放入鱼肉碎再煮 15 分钟即可。

营养功效

鱼肉可促进宝宝视力的发育，另外鱼肉中富含 DHA，可以促进宝宝的智力发育。

南瓜绿豆小米粥

原料

绿豆 20 克，南瓜、小米各 50 克。

做法

1. 南瓜洗净去皮，切成小丁；绿豆、小米洗净。
2. 将绿豆、小米放入锅中加适量水，煮至绿豆开花时，放入南瓜丁。
3. 中火再煮 20 分钟至浓稠即可。

营养功效

南瓜中含有维生素和果胶，可以吸收体内细菌毒素和其他有害物；南瓜搭配绿豆食用，可以起到清热解毒、排毒清肠的作用。

苹果玉米糊

原料

苹果50克，玉米面20克，熟鸡蛋黄1个。

做法

1. 苹果洗净去皮，切成碎丁；熟鸡蛋黄碾成末；玉米面用凉水拌匀呈糊状。
2. 锅内加水，倒入玉米面糊，边倒边搅。
3. 锅开后倒入苹果丁、蛋黄末，小火煮5分钟即可。

营养功效

玉米面中含较多的谷氨酸，有健脑的作用。苹果中含有多种维生素，苹果中的锌可以提高宝宝记忆力。

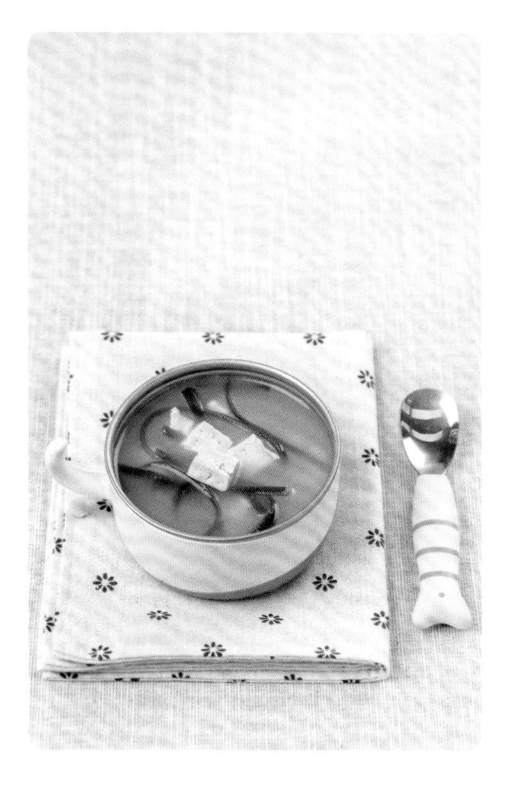

海带豆腐汤

原料

豆腐30克，海带20克。

做法

1. 海带洗净后切细丝；豆腐切小块。
2. 锅烧热水，放入海带丝煮熟，再放入豆腐块，小火煮熟即可。

营养功效

海带豆腐羹可以增强宝宝的抗寒能力，尤其适合冬季食用。海带富含碘和钙质，能促进宝宝骨骼发育。

 黑芝麻核桃糊

原料

黑芝麻 20 克，
核桃 30 克。

做法

1. 黑芝麻放入锅中炒香，盛出碾成细末；将核桃碾成细末，与黑芝麻末混合拌匀。
2. 加入适量沸水，搅至黏稠即可。

草莓酸奶

原料

草莓 50 克，无糖酸奶 100 克。

做法

1 草莓洗净，对半切开，放在搅拌机中搅打。

2 将草莓碎倒入无糖酸奶中拌匀即可。

营养功效

草莓酸奶富含维生素 C，能够促进宝宝身体对铁的吸收，起到补血的功效。

栗子红枣粥

原料

栗子 20 克，红枣 4 个，大米 30 克。

做法

1 栗子洗净，去壳；红枣泡软后去核；大米洗净。

2 锅中放入大米，加适量水，大火烧开后，放入栗子、红枣，转小火煮熟即可。

3 放温后将红枣、栗子捣烂喂给宝宝。

营养功效

栗子中所含的矿物质很全面，有钾、镁、铁、锌、锰等，搭配红枣，可以提高宝宝的免疫力。

 鲜虾冬瓜汤

原料

冬瓜 30 克，
鲜虾仁 3 只，
油适量。

做法

1 冬瓜洗净去皮，切成片，鲜虾仁洗净，切成小块。

2 锅中加适量油烧热，放入鲜虾仁块煸炒；加适量水烧开后，放入冬瓜片再煮 10 分钟即可。

冬瓜性寒，可清热解毒，更适合宝宝夏天祛湿解暑时食用。

营养功效

鲜虾冬瓜汤中含有多种维生素和人体必需的微量元素。冬瓜清热解暑，夏季多饮此汤，可以解渴消暑，增加宝宝食欲。

丝瓜虾皮粥

原料

丝瓜、大米各 30 克，虾皮适量。

做法

1 丝瓜洗净，去皮，切成小块；大米洗净。

2 大米倒入锅中，加适量水煮成粥，将熟时，加入丝瓜块、虾皮同煮至熟即可。

营养功效

虾皮有镇静作用，对提高食欲和增强体质都很有好处。丝瓜有清热、凉血、解毒的功效。

青菜胡萝卜肉末羹

原料

青菜、胡萝卜、肉末各 30 克。

做法

1 胡萝卜洗净，切成碎末；青菜洗净，热水焯烫。

2 将胡萝卜碎末、青菜放入搅拌机，加适量水打成泥。

3 把胡萝卜青菜泥倒入肉末中拌匀，上锅蒸熟即可。

营养功效

胡萝卜可以补充维生素 A，保护视力，还可以抑制过敏，搭配肉末更加美味营养。

红枣山药泥

原料

山药50克，
红枣4个，
配方奶适量。

做法

1 山药洗净，去皮，切小段；红枣洗净，去核；山药、红枣一起放入蒸锅中用大火蒸20分钟。

2 将蒸好的山药和红枣用勺子碾压成泥，再加入适量配方奶搅拌均匀即可。

第六章

10 个月，软米饭都能吃了

10 个月的宝宝营养需求没有太大变化，能够吃大部分食物。此时应该减少哺乳次数，加大辅食量。在早餐、午餐或者晚餐 2 小时后可以给宝宝添加水果。在食物方面，稠的米粥、软米饭、碎菜、碎肉都可以让宝宝吃。如果宝宝缺钙，可以给宝宝补充葡萄糖酸钙口服液，或者平时让宝宝多吃瘦肉、骨头汤等。

第10个月的喂养指南

宝宝10个月可以嚼着探索美味了，多摄入膳食纤维，既能锻炼咀嚼肌还能促进肠胃蠕动，防止便秘。妈妈要注意，膳食纤维多的食物要做得细细软软的才好消化吸收。

这个时候有些妈妈的乳汁会有所减少。所以，宝宝辅食必须逐渐增多并慢慢变成主食，但10个月的宝宝依然要坚持哺乳或配方奶喂养。

建议家长可以给宝宝准备一些便于用手抓捏的“手指食物”，如香蕉块、胡萝卜块、馒头、切片的水果和蔬菜等，鼓励宝宝自己拿着吃。

宝宝用小牙嚼着吃一些东西时，妈妈要注意宝宝放在嘴里的食物是否安全。防止宝宝将黏性较大的食物或形状较大的豆类等直接吞咽下去，也要注意避免把热汤放在宝宝面前。

早上6点：母乳或配方奶200毫升。

早上8点：南瓜蛋黄软饭50克。

上午10点：母乳或配方奶150~200毫升。

中午12点：西红柿鸡蛋面条100克。

下午3点：点心，水果。

傍晚6点：胡萝卜鸡肉粥50克（鱼末、肉末、蔬菜）。

晚上9点：母乳或配方奶200毫升。

中午吃的蔬菜可选菠菜、白菜、西红柿、胡萝卜等，下午加点心时吃的水果可选橘子、香蕉、草莓、苹果等。

补充脂肪酸

10个月的宝宝要注重补充脂肪酸。脂肪酸可以促进宝宝大脑和视觉的发育。在宝宝大脑发育速度最快的时候，一定要及时补充适当比例的脂肪酸。

各种油脂中都含有许多种脂肪酸，宝宝辅食中添加肉类食物后适应了肉中自带的少量油脂，再给宝宝摄入适量的油更合适。在制作宝宝辅食时，加一点橄榄油能促进营养物质的吸收，1岁以前宝宝摄入油脂量以每天5~10克为宜。

妈妈要注意的事

补充水分

乳牙护理

帮宝宝爱上喝水

孩子多喝水对身体好。1 岁以内的宝宝每天需水量每千克体重 150 毫升。宝宝辅食中的汤羹、果汁可以补充一部分水分，此外还需饮水 250~500 毫升。家长要记住宝宝口渴的时间，比如洗澡之后、起床之后、玩耍之后等都是要喂水的。另外，可以跟宝宝约定一个水位，让宝宝有意识地自己去喝水。

要帮宝宝养成主动喝水的习惯，首先要给宝宝准备一个漂亮的卡通杯，增加宝宝喝水兴趣。如果宝宝喜欢自己做事情，就鼓励宝宝自己喝水。

护理宝宝牙齿

宝宝乳牙的健康也影响以后恒牙的生长，因此家长要学会帮助宝宝保护牙齿。

① 0~6 个月，宝宝每次吃完奶后，喂少许温水漱口，同时避免宝宝奶睡。

② 6 个月以后，吃完辅食后帮宝宝漱口，宝宝乳牙开始长出，家长要帮宝宝刷牙，协助宝宝学习使用杯子喝水。

③ 1 岁后，宝宝要戒掉奶瓶，降低患龋齿的风险。

④ 2 岁半时，20 只乳牙应该全部长出了。应每天让宝宝早晚用牙膏刷牙，同时要避免宝宝吃太多甜食。

小小餐桌礼仪

10 个月是长牙期，宝宝喜欢咬住勺子以缓解牙痒，也喜欢通过嘴去感受世界，将物品放进嘴巴里面咬住。家长不要强制性地夺走宝宝的勺子，而是教宝宝正确使用勺子，鼓励宝宝自己用勺子进食。家长给宝宝一把勺子，让宝宝玩儿；自己也拿一把，在宝宝自己吃的同时喂给他吃，随时提醒宝宝不要咬勺子，用合理的方法纠正宝宝咬勺子的行为，帮助宝宝养成好的饮食习惯。

给宝宝选择餐具时，可以选择硅胶或是硬质塑料的勺子，这样的勺子不容易被咬坏，也不容易误伤宝宝口腔。对于牙龈止痒，给宝宝准备磨牙棒会比勺子更好。

营养辅食跟我做

猪肝木耳汤

原料

木耳15克，猪肝50克，高汤适量。

做法

1. 木耳泡发，洗净后切碎；猪肝用水浸泡2小时，洗净后切成薄片。
2. 锅中加水，放适量高汤，放入木耳碎、猪肝片，中火煮至熟烂即可。

营养功效

猪肝木耳汤内含丰富的铁和维生素C，而且猪肝中的铁十分容易被宝宝吸收，可预防缺铁性贫血。

南瓜鸡蛋羹

原料

南瓜50克，配方奶20克，鸡蛋黄1个。

做法

1. 南瓜洗净去皮，切成块；鸡蛋黄打散。
2. 南瓜上锅蒸熟后捣成泥，倒入蛋黄液、配方奶，过筛后再上锅蒸10分钟即可。

营养功效

南瓜中含丰富的维生素A，可帮助宝宝养护眼睛。而且南瓜香甜可口，易于消化。

西蓝花鸡肉粥

原料

大米、鸡肉、西蓝花各30克。

做法

1. 大米浸泡1小时；西蓝花用盐水浸泡10分钟，洗净切碎；鸡肉洗净，剁成泥。
2. 锅内加水，放入大米、鸡肉泥大火煮沸，转中火熬至黏稠时，放入西蓝花碎煮熟透即可。

营养功效

西蓝花含维生素C较多，有利于宝宝的生长发育，增强体质。鸡肉也是磷、铁、铜与锌的良好来源。

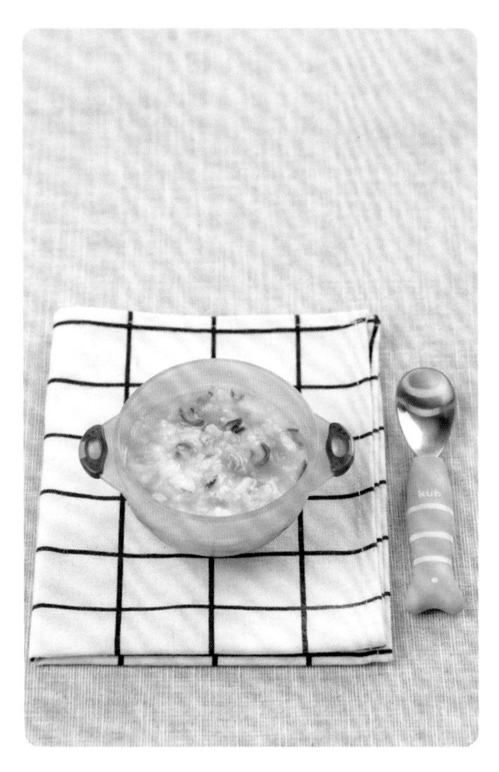

栗子瘦肉粥

原料

猪肉末、大米各 30 克，栗子 4 个。

做法

1. 大米洗净，浸泡 1 小时；栗子去壳，洗净，碾成碎末。
2. 锅中加适量水，放入栗子碎末、大米、瘦肉末大火煮沸后转小火熬至黏稠即可。

营养功效

栗子中含有核黄素，能够预防宝宝口舌生疮。栗子搭配大米、猪肉可以健运脾胃，增进食欲。

南瓜蛋黄软饭

原料

南瓜、大米各 30 克，熟蛋黄 1 个。

做法

1. 大米洗净，浸泡 1 小时；南瓜洗净，去皮，切成块；熟蛋黄碾碎。
2. 大米和南瓜块一同放入电饭煲中煮成饭。
3. 将蛋黄泥放入煮好的南瓜饭中拌匀即可。

营养功效

南瓜甜香，含丰富的维生素、钙、磷等营养成分。南瓜搭配蛋黄拌入饭中，可增进宝宝食欲。

菠菜小米粥

原料

小米、菠菜各30克。

做法

1 小米淘洗干净；菠菜洗净，用热水焯烫 1 分钟，切成碎末。

2 锅中加适量水，放入小米大火煮沸后放入菠菜碎，转小火熬至黏稠即可。

营养功效

小米中维生素 B_1 的含量高，可以维持宝宝的神经系统正常运转。芹菜碎富含膳食纤维，可以锻炼宝宝的咀嚼能力。

鸡肉馄饨

原料

鸡肉末50克，青菜30克，馄饨皮10个，鸡汤适量。

做法

1 青菜洗净，热水焯烫后切成碎末；青菜末与鸡肉末拌匀成馅。

2 用馄饨皮包成小馄饨，锅中加适量水，倒入鸡汤，再放入馄饨煮熟即可。

营养功效

鸡肉富含人体必需氨基酸，容易消化吸收且脂肪含量低。鸡肉汤煮馄饨味道鲜美，更有营养。

西红柿鸡蛋面

原料

宝宝面条50克，西红柿1个，生蛋黄1个，橄榄油适量。

做法

1 西红柿洗净，用开水烫后去皮，切成块；蛋黄液在碗中打散。

2 锅中放一点橄榄油，放入西红柿块翻炒出汁后，加水烧开后放入面条煮熟。

3 出锅前淋上蛋黄液，烧开即可。

营养功效

西红柿中含有丰富的胡萝卜素、B族维生素和维生素C，可助消化和提升宝宝食欲。

葡萄干土豆泥

原料

葡萄干 20 克，
土豆泥 50 克。

做法

1 葡萄干温水泡软，切碎；土豆洗净，去皮，切块。

2 土豆块上锅蒸熟，捣成泥。

3 锅中放少许水，放入土豆泥、葡萄干，小火煮 3 分钟即可。

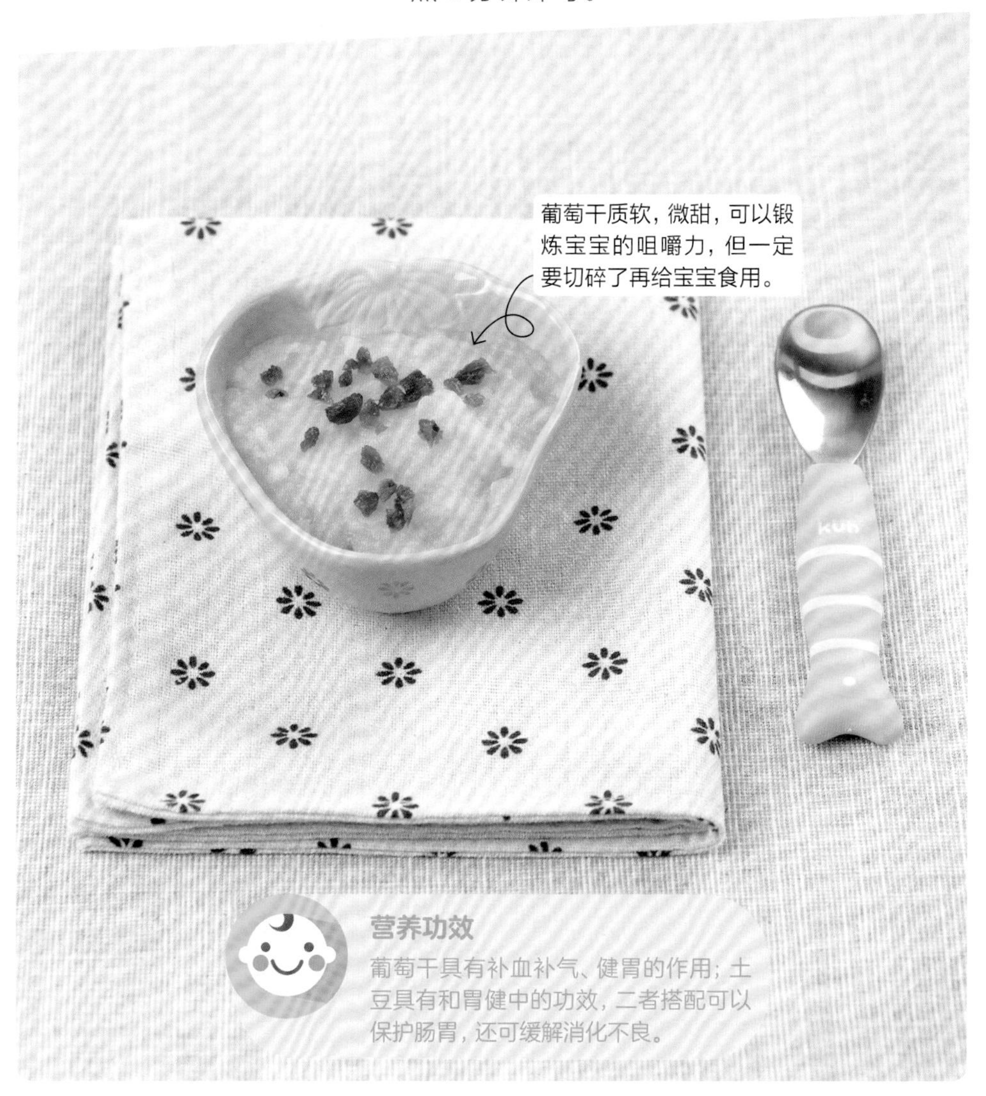

营养功效

葡萄干具有补血补气、健胃的作用；土豆具有和胃健中的功效，二者搭配可以保护肠胃，还可缓解消化不良。

蛋黄香菇粥

原料

大米30克，生蛋黄1个，香菇2个。

做法

1 大米洗净，浸泡1小时；香菇洗净，去蒂切丁；蛋黄在碗中打散。

2 锅烧热水，放入香菇丁、大米，大火煮沸后转小火熬至黏稠。

3 出锅前倒入蛋液，煮熟即可。

营养功效

香菇味道鲜美，能开胃助食，对治疗贫血、佝偻病有一定的作用。

海带肉末汤

原料

海带、肉末各30克，淀粉适量。

做法

1 海带洗净后切成丝；淀粉中加适量水调匀。

2 锅烧热水，放入肉末、海带丝，加入适量水淀粉即可。

营养功效

海带中含有丰富的碘，可以促进宝宝头发的生长，同时可预防甲状腺功能低下。

胡萝卜鸡肉丸

原料

胡萝卜 50 克，
豆腐 20 克，
鸡肉 30 克，
淀粉适量。

做法

1. 胡萝卜洗净，切成末；豆腐切小块；鸡肉剁成泥。
2. 在鸡肉泥中加入淀粉，捏成小球。
3. 锅烧热水，下入胡萝卜末煮至断生，下入鸡肉丸，最后放入豆腐块煮熟即可。

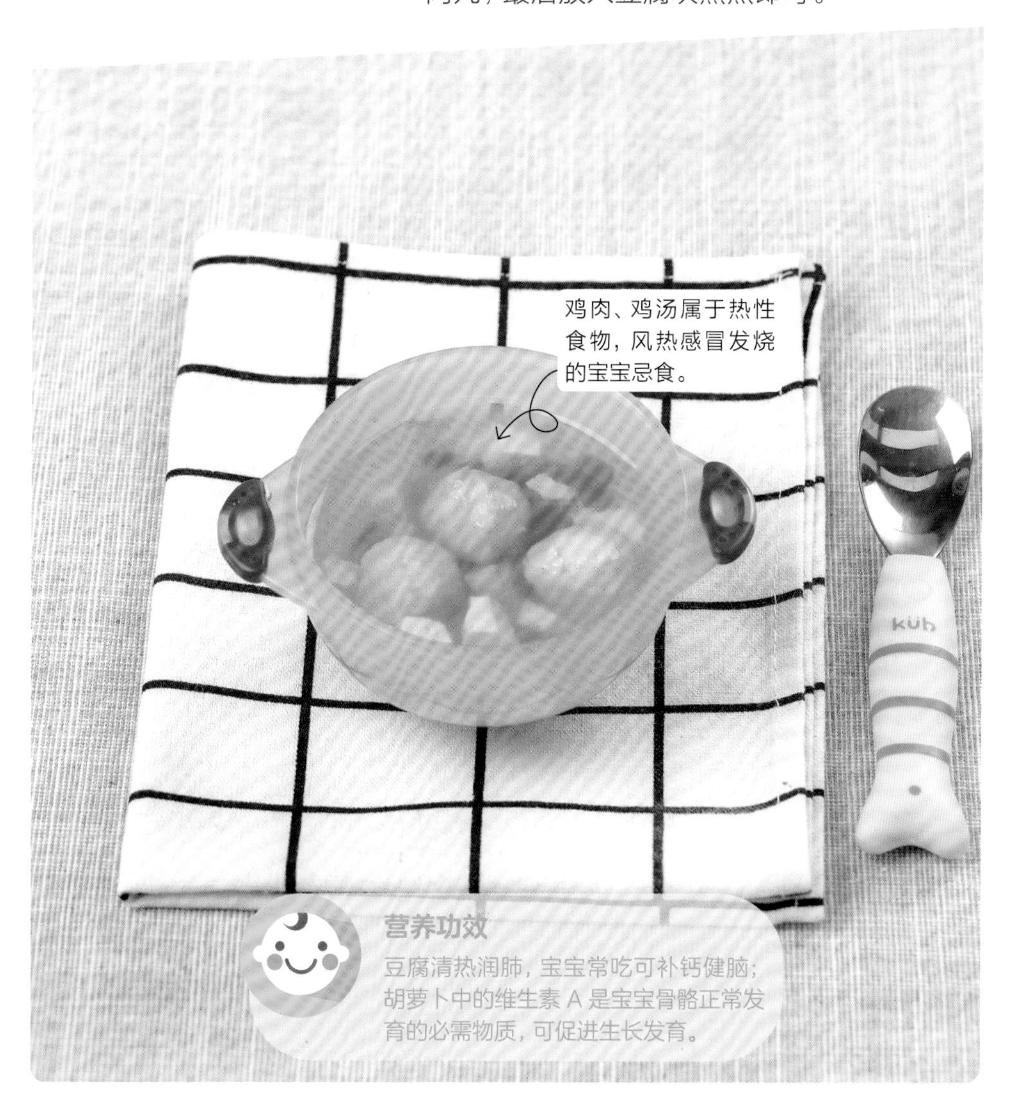

营养功效

豆腐清热润肺，宝宝常吃可补钙健脑；胡萝卜中的维生素 A 是宝宝骨骼正常发育的必需物质，可促进生长发育。

小白菜玉米粥

原料

小白菜 50 克，玉米面 30 克。

做法

1. 小白菜洗净，入沸水焯烫，晾凉后切成末。
2. 将玉米面加水搅拌成糊，加入小白菜末拌匀。
3. 锅中放水烧热后，放入小白菜玉米糊，大火煮熟即可。

营养功效

玉米粥中含有丰富的核黄素和叶黄素，能促进视网膜发育。小白菜能够通利肠胃，预防便秘。

胡萝卜鸡蛋粥

原料

胡萝卜 50 克，鸡蛋 1 个，大米 30 克。

做法

1. 胡萝卜洗净，切碎末；大米洗净，浸泡 1 小时；鸡蛋煮熟，取出蛋黄捣成泥。
2. 将大米、胡萝卜碎末放入锅中，加适量水熬成粥，最后倒入蛋黄泥即可。

营养功效

胡萝卜富含胡萝卜素、维生素 A，能增强宝宝的免疫力。蛋黄中的铁、卵磷脂可促进宝宝大脑发育。

 丝瓜蛋花汤

原料

丝瓜 50 克，
生蛋黄 1 个。

做法

1 丝瓜洗净，切成小丁；蛋黄在碗中打散。

2 油锅烧热，倒入丝瓜翻炒至熟，锅中倒入适量水，煮沸后淋入蛋黄液煮熟即可。

营养功效

丝瓜中含丰富的蛋白质、脂肪、碳水化合物、钙、磷、铁及维生素，常食可促进宝宝牙齿和骨骼的生长。

第七章

11 个月，固体食物也可以吃了

11 个月的宝宝越来越强壮，已长出 3~6 颗牙齿了，他们已经不满足于吃软软没有硬度的食物了。软米饭、小包子……这些食物会受到宝宝的青睐。注意不能给宝宝吃油炸食物，并注意辅食量。

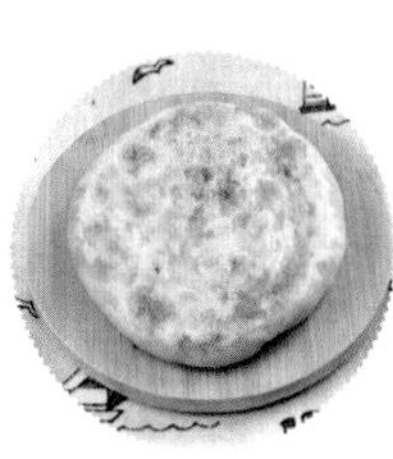

第 11 个月的喂养指南

11 个月的宝宝已经基本适应辅食作为一日三餐、早晚加配方奶的饮食模式。宝宝以谷物食物为主，要注意营养质量，也要注意补充维生素、矿物质和纤维素。每日三餐变换花样，可以使宝宝更有食欲。

宝宝的一日三餐可以和大人一起吃，但不要给宝宝吃大人的饭菜。宝宝的饮食处于从乳类食物向普通食物转化的阶段，每天要喝 400 毫升以上的奶粉或母乳，这是宝宝吸收钙质的主要来源。此外，宝宝还要吃一些虾皮、紫菜、绿叶菜等食物，也能很好地补充钙质。此时，宝宝胃容量比较小，可采取少食多餐的方法。

早上 6 点：母乳或配方奶 250 毫升。

上午 9 点：花样粥 80 克。

中午 12 点：西红柿鳕鱼泥 100 克，鸭血豆腐汤 50 克。

下午 3 点：水果 150 克。

傍晚 6 点：南瓜鸡肉焖饭 50 克，蔬菜 50 克。

晚上 9 点：母乳或配方奶 250 毫升。

适当补锌，提升宝宝智力

锌是宝宝生长发育的必需元素。7~12 个月的宝宝每天需要 8 毫克锌。家长在宝宝不过敏的情况下，可以给宝宝多摄入一些鱼、肉、肝、肾及贝类等食物。

缺锌会导致宝宝发育不良；食欲降低；容易感冒发烧；头发稀少，并且发黄；皮肤疾患，反复出现口腔溃疡等情况。如果宝宝缺锌，最好通过食物进行补充，既健康又能养成不挑食的习惯。家长不要急于给宝宝补充营养剂，过量补锌容易导致性早熟。

妈妈要注意的事

预防水痘

戒掉夜奶

预防水痘，做好护理

水痘是一种常见病。6 个月以内的宝宝因有从母体获得的抗体，一般不会发生水痘；8 个月以后的宝宝就很容易受到传染，并且发病。预防水痘可以给宝宝接种水痘疫苗，能大大降低发病率。水痘病毒不耐热，可以对家里的餐具与生活用品进行高温消毒，以此方法来杀灭病毒。如果宝宝得了水痘，注意多给宝宝喝水、剪短指甲、保持皮肤滋润、穿透气的衣服。

循序渐进，戒掉夜奶

宝宝戒奶最好先从戒掉夜奶开始。吃夜奶会干扰睡眠，而且容易让宝宝长蛀牙，也会影响妈妈的睡眠质量和精神状态。一般母乳喂养的宝宝夜奶不用戒太早，母乳比奶粉、米粉有营养，能增强宝宝的抵抗力。到了 6~11 个月，妈妈的母乳量会减少，母乳质量也会降低，宝宝也需要更规律的生活作息。此时，可以逐渐地给宝宝戒掉夜奶。

给宝宝戒掉夜奶不要反反复复，而要有规律地渐次执行。给宝宝适应每戒掉一顿夜奶的时间。戒夜奶要在宝宝身体健康的前提下进行，增加宝宝睡前的饮食量，这样宝宝半夜就不容易感觉到饿。

小小餐桌礼仪

逐渐养成宝宝吃饭前先洗手的习惯。这个时候宝宝还不能自己洗手，家长饭前要给宝宝把小手洗干净。家长把洗手液挤到宝宝手上，让宝宝感受洗手液洗出泡泡的好玩过程， 从而爱上洗手。有时候宝宝洗完手会玩起水来，家长要尊重宝宝好玩的天性，还要引导宝宝节约用水，不玩香皂。

宝宝长大后，可以准备一个小凳子，让宝宝自己洗手。全家人做好榜样，饭前都必须洗手，宝宝才会模仿去做。

营养辅食跟我做

西红柿鳕鱼泥

原料

鳕鱼 100 克，西红柿 50 克，油适量。

做法

1. 鳕鱼肉洗净，切块，蒸熟后捣成泥。
2. 西红柿洗净，焯烫去皮，碾成泥。
3. 锅中放少许油，倒入西红柿泥翻炒，加入鳕鱼泥炒至熟即可。

营养功效

鳕鱼的肉质弹滑，鱼刺少，蛋白质、锌含量高；西红柿中含有多种有机酸，与鳕鱼一起食用，易吸收。

玉米粒芹菜鸡丝粥

原料

鸡肉丝 30 克，大米、芹菜各 20 克，玉米粒 10 克。

做法

1. 大米洗净，泡 1 小时；芹菜洗净，切丁。
2. 大米放入锅中，加适量水，大火煮沸后加入鸡肉丝、芹菜丁、玉米粒熬至熟即可。

营养功效

鸡肉丝是高蛋白的食物，脂肪含量低，不饱和脂肪酸含量高，是宝宝理想的食物。

 虾仁蔬菜粥

原料

大米 30 克，
芹菜 20 克，
胡萝卜 15 克，
虾仁 3 只。

做法

1. 芹菜、胡萝卜洗净，切碎末；大米洗净，浸泡 1 小时；虾仁洗净，切碎末。
2. 大米放入锅中，加适量水，大火煮沸后放入芹菜末、胡萝卜末、虾仁末煮熟即可。

杂蔬炒饭

原料

熟米饭50克，胡萝卜30克，玉米粒、油各适量。

做法

1 胡萝卜洗净，切碎丁，过热水焯烫。

2 锅烧热油，放入熟米饭、胡萝卜丁翻炒。

3 加少量水，倒入玉米粒炒熟即可。

营养功效

杂蔬烩饭颜色丰富，营养均衡，富含碳水化合物、蛋白质、矿物质，可以提高宝宝身体免疫力。

鸭血豆腐汤

原料

鸭血、豆腐各50克。

做法

1 鸭血、豆腐洗净，切成小块。

2 锅中放适量水，下鸭血块、豆腐块煮熟即可。

营养功效

鸭血有补血解毒的功效，能较好地清除体内的粉尘和有害金属微粒，减轻对宝宝身体的损害。

什锦豆腐汤

原料

菠菜50克，
豆腐30克，
香菇2个，
紫菜、鸡汤各适量。

做法

1 豆腐洗净，切小块；香菇洗净，去蒂，切丁；菠菜洗净，用热水焯一下，切碎末。

2 锅中加水，倒入适量鸡汤，煮开后放入香菇丁、豆腐块、菠菜末，出锅前放入紫菜即可。

营养功效

豆腐具有清热润肺、补钙健脑的功效。搭配香菇、紫菜、菠菜，颜色鲜艳、口感丰富；鸡汤做汤底能增加宝宝的食欲。

果香红薯泥

原料

红薯50克，苹果100克，配方奶适量。

做法

1. 红薯洗净，切成块；苹果洗净，去皮，切成块。
2. 红薯块上锅蒸熟后去皮，红薯块、苹果块放入搅拌机中打成泥。
3. 加适量配方奶，拌匀即可。

营养功效

红薯中富含钾、β-胡萝卜素等，搭配苹果可补充多种维生素，营养均衡，口味香甜。

南瓜鸡肉焖饭

原料

鸡肉50克，大米、南瓜各30克，橄榄油适量。

做法

1. 大米洗净，浸泡1小时；南瓜去皮，切块；鸡肉剁成碎末。
2. 大米、南瓜块、鸡肉末放入锅中，加适量水，启动煲饭功能。
3. 出锅前加几滴橄榄油，拌匀即可。

营养功效

南瓜具有养生保健、健脾消食的作用，能促进肠胃的蠕动，可以排除肠道内的毒素。

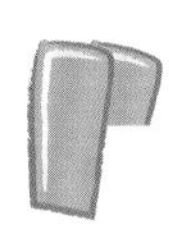

豌豆蛋黄糊

原料

豌豆 50 克，
鸡蛋 1 个，
大米 30 克。

做法

1 豌豆洗净，用搅拌机打成浆；鸡蛋煮熟取蛋黄，捣成泥；大米洗净，在水中浸泡 2 小时。

2 锅中放入大米，加适量水，倒入豌豆浆，熬煮至半糊状。

3 最后拌入蛋黄泥再闷 5 分钟即可。

7 个月以上的宝宝食用时，豌豆可以上锅蒸熟后再捣成泥，增加食物的颗粒感。

营养功效

豌豆中含有优质蛋白质及大量胡萝卜素、粗纤维，可以促进肠胃蠕动，防止便秘，还能增强宝宝免疫力。

紫菜馄饨

原料

猪肉、青菜各50克，馄饨皮、高汤、紫菜、香油各适量。

做法

1 青菜焯烫剁成碎末；猪肉洗净，剁成泥。

2 将青菜碎末、猪肉末洗净，加适量香油调和成馅，包成馄饨。

3 锅中加水，放适量高汤，煮沸后下入馄饨，出锅前放入紫菜，拌匀即可。

营养功效

鸡汤馄饨含大量蛋白质、DHA和EPA物质，还可以提高宝宝智力。

素菜包

原料

面粉100克，白菜50克，香菇4个，酵母粉、香油各适量。

做法

1 白菜洗净，焯烫后切碎丁，挤去水分；香菇洗净，去蒂，切丁；面粉加酵母粉、水和成面团，擀成片。

2 将白菜碎、香菇丁、香油拌成馅。

3 面皮包上馅，蒸熟即可。

营养功效

素菜包面皮松软，菜馅鲜美，非常适合宝宝食用。白菜中含有丰富的钙，可以促进骨骼发育。

小米山药粥

原料

山药、小米各30克。

做法

1 将山药洗净，去皮，切成小丁。

2 小米、山药丁放入锅中，加适量水熬煮成粥。

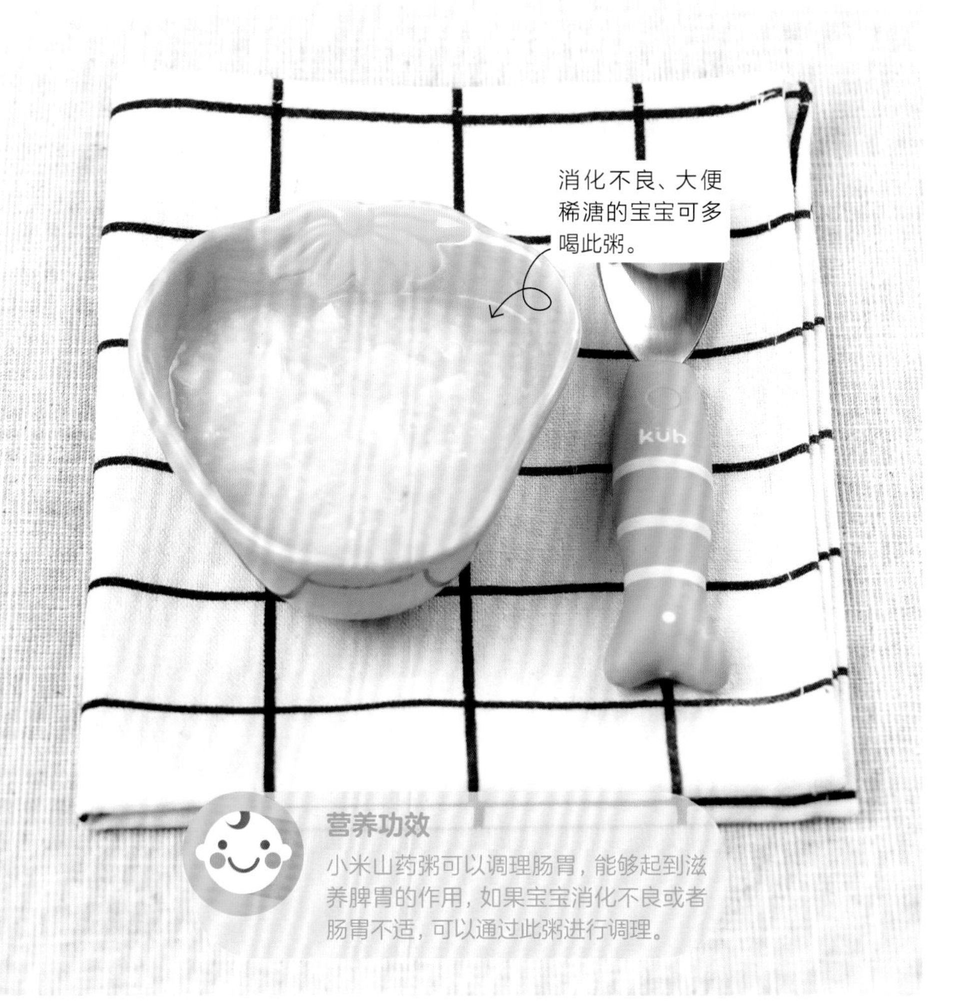

营养功效

小米山药粥可以调理肠胃，能够起到滋养脾胃的作用，如果宝宝消化不良或者肠胃不适，可以通过此粥进行调理。

韭菜鸡蛋馅饼

原料

韭菜30克，鸡蛋1个，面粉适量。

做法

1. 韭菜洗净，切碎；鸡蛋打散，取出蛋黄液，炒熟后倒入韭菜中，拌成馅。
2. 面粉加水和成面团，擀成片，加适量馅料，包住口，按平。
3. 锅刷油，煎至两面金黄即可。

营养功效

韭菜可提高宝宝免疫力，鸡蛋中含有丰富的卵磷脂和蛋白质，这两种食物搭配食用会使宝宝精力更充沛。

西红柿鸡肉面

原料

西红柿半个，鸡肉、宝宝面条各30克。

做法

1. 西红柿热水焯烫，去皮，切碎；鸡肉洗净，热水焯烫后切块。
2. 锅烧热水，放入鸡肉块、面条，出锅前放入西红柿碎即可。

营养功效

西红柿鸡肉面中的番茄红素可以保护宝宝的心脏、血管，而且西红柿具有调理胃肠功能的作用。

香菇鹌鹑蛋汤

原料

香菇2个，
鹌鹑蛋3个，
青菜50克，
高汤适量。

做法

1. 香菇洗净，去蒂，切小丁；青菜洗净，切段；鹌鹑蛋用热水煮熟。
2. 锅中放入水、适量高汤，煮沸后倒入香菇丁、青菜段、鹌鹑蛋，煮熟即可。

营养功效

香菇能促进钙和磷的消化吸收，对骨骼和牙齿的发育十分有益；鹌鹑蛋含卵磷脂和脑磷脂，非常适合宝宝食用。

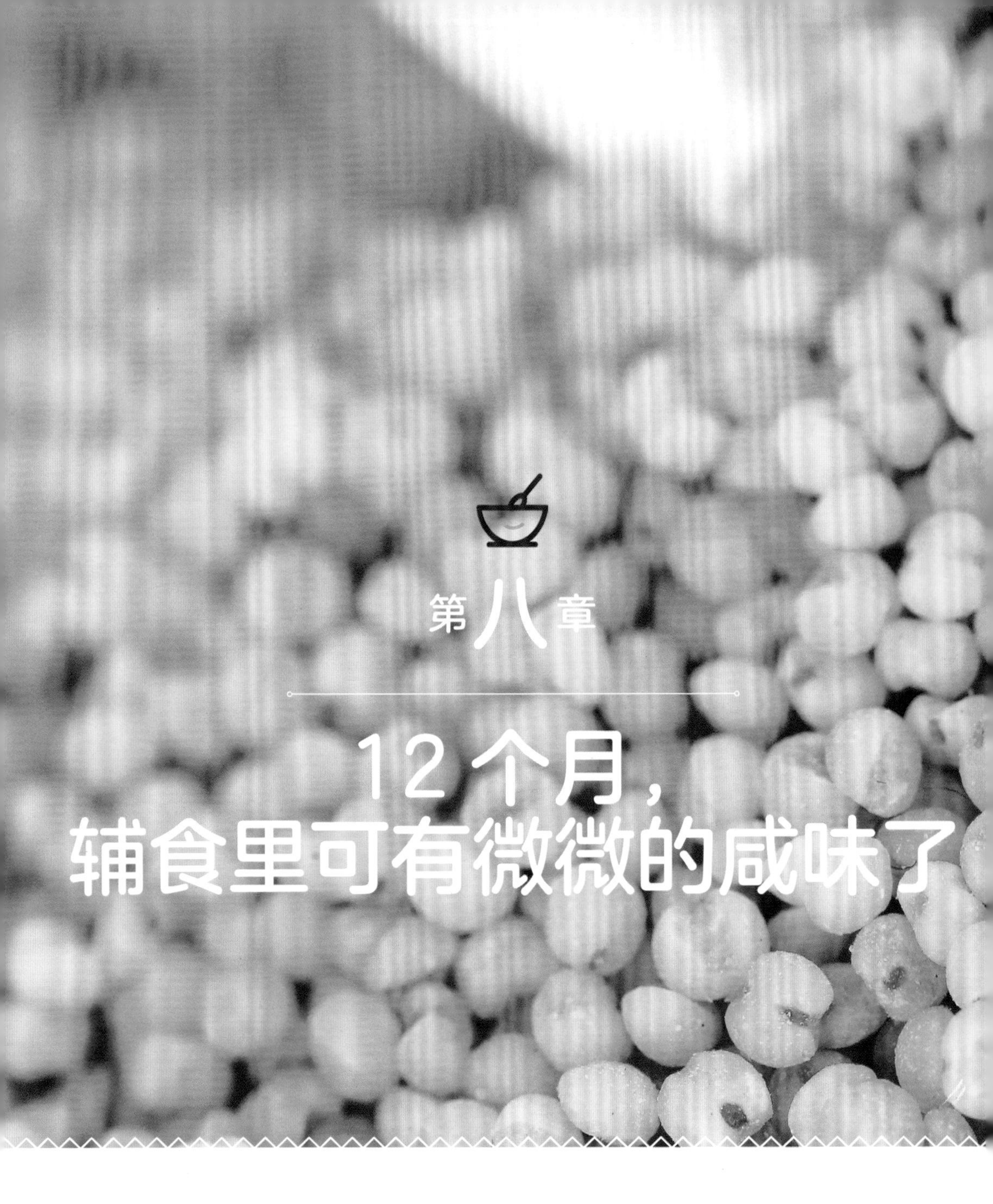

第八章

12个月，辅食里可有微微的咸味了

1岁的宝宝可以和爸爸妈妈一起吃饭了，能够安静地坐下来，笨拙地拿着勺子尝试自己进食。宝宝和大人一起进餐时，爸爸妈妈就要注意饮食习惯的培养，按时按点规律饮食，给宝宝营造愉快的就餐氛围。现在开始，宝宝的食物里可以加入微量的调味品，但要注意剂量。

第12个月的喂养指南

宝宝现在可以扶着东西走几步路，体能消耗大，饿得也快。在宝宝玩耍后可以适当加些点心补充能量，添加点心的量以不影响宝宝吃正餐为原则。

宝宝消化能力增强，以前不建议食用的蛋清或海鲜类可以让宝宝少量尝试了。1岁以后，辅食里可以加少量盐、食用油，但饭食总要以清淡、均衡、易消化为原则。

宝宝的辅食尽量选择天然未加工的食物，少用或不用人工调味品以及煎、炸等烹饪方式。宝宝在12个月时可能会出现食欲降低的情况，这是因为宝宝以前只是体重不断增加，此时到了内脏器官发育所占比重超过身体成长的时期。这时，只要宝宝饮食均衡，不用强迫宝宝进食。

早上6~7点：母乳或配方奶250毫升。

上午9点：小米饼2~3块。

中午12点：鱼丸青菜汤50克，苦瓜蛋饼100克。

下午3点：四季水果100克。

傍晚6点：鸡汤馄饨80克，什锦蔬菜50克。

晚上10点：母乳或配方奶250毫升。

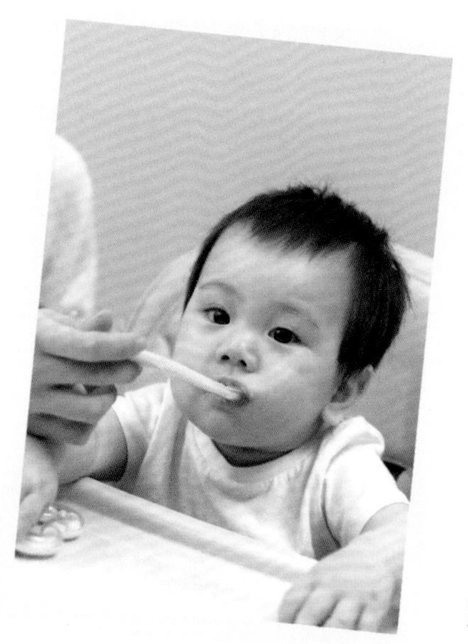

帮宝宝爱上蔬菜

如果宝宝不爱吃蔬菜，可以尝试以下几种方法：

1. 让宝宝反复接触蔬菜的图片，真实细腻的画风让宝宝对蔬菜没有距离感。

2. 变换烹饪方式：将蔬菜打成汁，加入面粉做成小馒头；或拌成馅料做成小饺子等；增加食物的色彩，激起宝宝的食欲。

3. 宝宝都具有模仿能力，爸爸妈妈做个好榜样，在宝宝面前表现出蔬菜好吃的样子。

总之，不要让宝宝觉得吃蔬菜是一种压力，既要循序渐进地引导，又要尊重宝宝的喜好。

妈妈要注意的事

预防龋齿

宝宝走路

预防宝宝龋齿

宝宝如果乳牙出现龋齿，容易使恒牙刚萌出时也发生龋齿。宝宝添加辅食之后，家长要定期为宝宝清洁口腔。宝宝 1 岁以后要养成刷牙的习惯，尤其要锻炼宝宝自己刷牙。宝宝刚开始不能把牙齿刷得很干净，妈妈要示范和帮宝宝刷牙，一点点过渡到宝宝自己刷牙。家长一些不好的喂养习惯也要改掉，如嚼碎食物再吐给宝宝吃，或者喂辅食前用宝宝的小勺先尝尝温度，这些行为都有可能造成家长嘴里的致龋菌传染给宝宝，所以宝宝的餐具最好宝宝专用。

宝宝学走路

这时宝宝好奇心强，精力充沛，对学习走路有很大的兴趣。宝宝刚独立走路时，要多鼓励宝宝。家长不要总是牵着或扶着宝宝走路，宝宝摔倒、站立也是一个锻炼平衡力的过程。此外，当宝宝受到向上力量的支撑时，脚尖会先着地，容易养成踮脚走路的习惯。

父母要做的就是给宝宝一个安全的空间和贴身的看护，然后让宝宝自己摸索和尝试。另外，不建议宝宝使用学步车练习走路。宝宝走路主要依靠大腿和臀部肌肉，而学步车只能强化宝宝的小腿肌肉，并不利于宝宝学习走路，而且容易形成不正确的走路姿势。

小小餐桌礼仪

家长要把宝宝的吃饭时间控制在 30 分钟以内，如果宝宝没有在 30 分钟内吃完饭，就视为宝宝不饿，不能无限延长吃饭时间。食物在嘴里停留时间超过 30 分钟，容易造成牙菌滋生，增加患蛀牙龋齿的概率。30 分钟吃饭结束后，家长要帮宝宝漱口，并不再让宝宝吃东西。辅食期的宝宝比较小，家长要多点耐心，避免责骂；宝宝做得好的地方，要及时给予表扬。教育宝宝，最重要的是父母以身作则，给孩子树立一个良好的榜样。

营养辅食跟我做

鸡肉蛋卷

原料

鸡蛋 1 个，鸡肉 50 克，油适量。

做法

1. 鸡肉洗净，剁成泥；鸡蛋打散。
2. 油锅烧热，倒入鸡蛋液摊成薄饼。
3. 在薄饼中加入鸡肉泥，卷成长条，切小段，上锅蒸熟即可。

营养功效

鸡肉性温，可以强健宝宝的脾胃；鸡蛋中含有卵磷脂、氨基酸，可以促进宝宝大脑神经系统发育。

鱼肉饺子

原料

鱼肉 50 克，青菜 30 克，猪肉 20 克，饺子皮、鸡汤各适量。

做法

1. 鱼肉剁成泥；猪肉洗净，剁成泥；青菜洗净，切碎。
2. 将鱼肉泥、猪肉泥、青菜碎混合，加适量鸡汤搅拌均匀。
3. 用饺子皮包成饺子，下锅煮熟即可。

营养功效

鱼肉水饺富含 DHA、ARA，可以促进宝宝大脑和视网膜发育。

黄瓜蛋饼

原料

鸡蛋 1 个，
黄瓜 50 克，
油适量。

做法

1. 黄瓜洗净，切成碎末；鸡蛋打散；将黄瓜碎末倒入鸡蛋液中。
2. 油锅烧热，倒入黄瓜蛋液，小火煎至两面金黄即可。

营养功效

黄瓜口味清淡，具有生津止渴的功效，搭配鸡蛋松软可口，热量低，营养丰富，适合宝宝食用。

什锦蔬菜

原料

黄瓜、胡萝卜各30克，蘑菇、木耳各3个，油、盐各适量。

做法

1 木耳泡发，撕成小块；黄瓜、胡萝卜、蘑菇洗净，切片。

2 锅中加油烧热，先放入胡萝卜片煸炒，再放入蘑菇片、黄瓜片、木耳块翻炒，炒熟后加适量盐调味即可。

营养功效

什锦蔬菜颜色搭配鲜艳，可以引起宝宝的食欲。各种蔬菜搭配在一起，清淡可口，营养丰富。

西蓝花炒肉

原料

西蓝花50克，猪肉30克，油、盐各适量。

做法

1 猪肉洗净，切丁；西蓝花洗净，掰成小朵，焯烫后捞出。

2 锅中放少许油，放入猪肉丁翻炒，再放入西蓝花朵炒熟，加盐调味即可。

营养功效

西蓝花对脾胃有很好的养护作用，西蓝花中的乙酰胆碱能增强宝宝记忆力。

薏米红豆粥

原料

糯米 30 克，
薏米、红豆各 20 克。

做法

1. 将糯米、薏米、红豆淘洗干净。
2. 锅中加适量水，放入薏米、糯米、红豆，大火煮沸后转小火熬至黏稠即可。

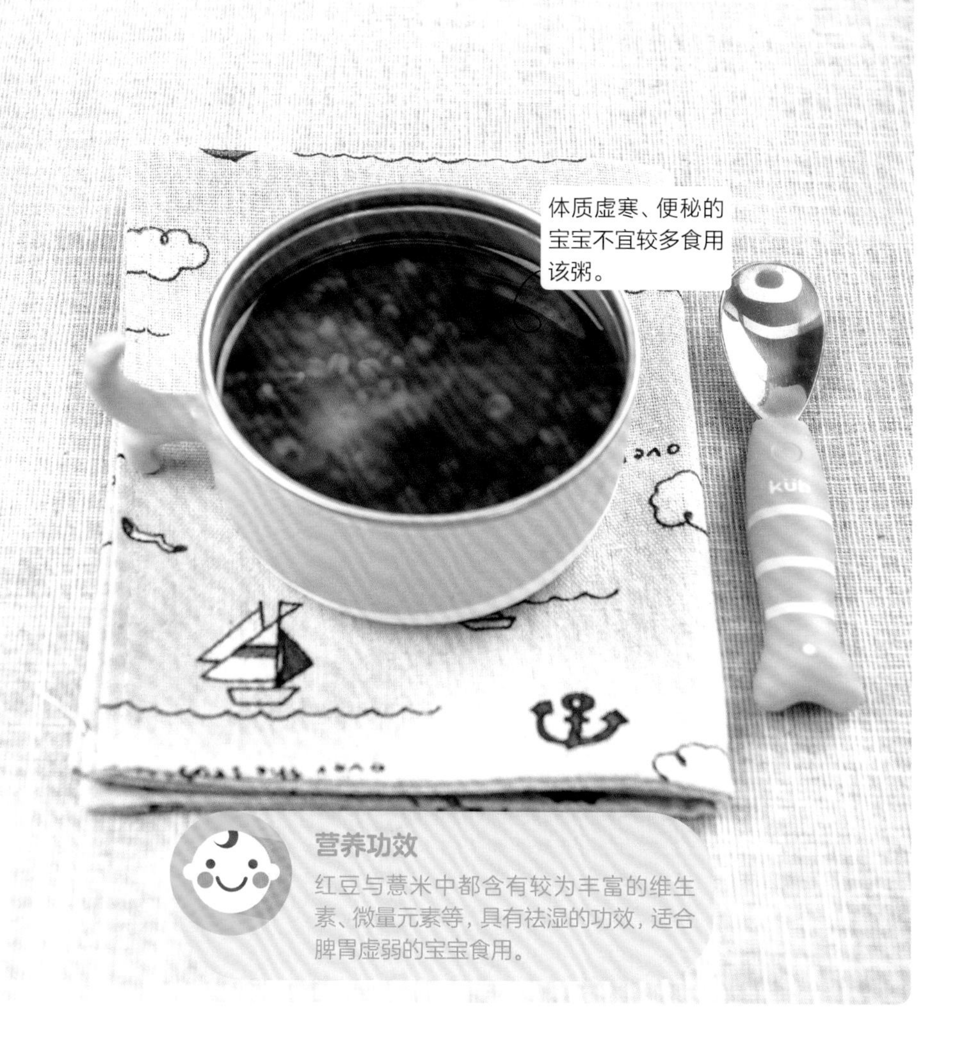

营养功效

红豆与薏米中都含有较为丰富的维生素、微量元素等，具有祛湿的功效，适合脾胃虚弱的宝宝食用。

木耳炒鸡蛋

原料

木耳30克，鸡蛋1个，油、盐各适量。

做法

1. 木耳泡发，手撕成小块；鸡蛋在碗中打散，取蛋黄液。
2. 锅中放少许油烧热，倒入鸡蛋黄液翻炒，再放入木耳块继续翻炒，出锅前加少许盐调味即可。

营养功效

木耳中含有对宝宝有益的"多糖体"，与木耳中的纤维素共同作用，能促进宝宝胃肠蠕动，防止便秘。

香蕉牛奶蒸蛋

原料

香蕉50克，蛋黄液，配方奶50毫升。

做法

1. 香蕉压成泥，倒入蛋黄液，再倒入配方奶搅拌均匀。
2. 用漏勺过滤两次，去掉表层浮沫，蒙上保鲜膜，扎几个小孔，蒸熟即可。

营养功效

香蕉牛奶蒸蛋香甜滑软，可口又营养，还可刺激肠胃蠕动，帮助宝宝消化。

 西红柿炒鸡蛋

原料

西红柿 100 克，
鸡蛋 1 个，
油、盐各适量。

做法

1 西红柿用开水烫一下，去掉表皮，切丁；鸡蛋打在碗中，取出蛋黄。

2 锅中倒少许油，倒入蛋黄液翻炒。

3 油锅烧热，放入西红柿炒熟，再放入蛋黄及适量盐翻炒均匀即可。

营养功效

西红柿炒鸡蛋润滑爽口。西红柿中富含多种维生素以及矿物质，而鸡蛋富含蛋白质、钙、锌等，二者搭配可以增加宝宝的胃口而且营养丰富。

苹果燕麦软饼

原料

苹果 50 克，燕麦 30 克，油、面粉各适量。

做法

1. 苹果去皮，切成细丝；燕麦加入热水泡 1 分钟，放适量面粉。
2. 将苹果丝放入燕麦糊中拌匀。
3. 锅刷油，倒入苹果丝、燕麦糊，煎至两面金黄即可。

营养功效

燕麦富含膳食纤维和维生素 B_1，可促进宝宝胃肠蠕动，利于排便。

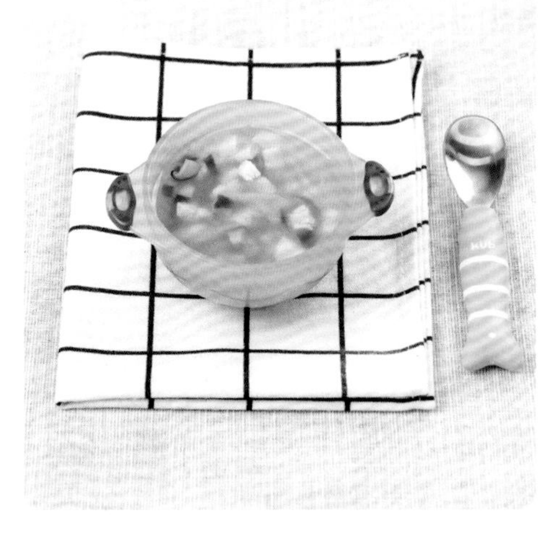

香菇冬笋豆腐汤

原料

豆腐、冬笋各 20 克，香菇 3 朵，油、高汤、盐各适量。

做法

1. 香菇洗净，去蒂，切片；冬笋洗净，切片；豆腐切小块。
2. 油锅烧热，放入香菇片、冬笋片翻炒，加适量水，下豆腐块，加高汤烧煮片刻，出锅前放盐调味即可。

营养功效

香菇富含 B 族维生素、铁、钾、维生素 D，能促进对钙的吸收。

清蒸鳕鱼

原料

鳕鱼块100 克，油、姜片、葱段、蒸鱼豉油各适量。

做法

1. 鳕鱼块洗净，放入姜片、葱段腌制 30 分钟，上锅蒸 5 分钟。
2. 锅中放少量油烧热，倒入鳕鱼块，最后倒入蒸鱼豉油即可。

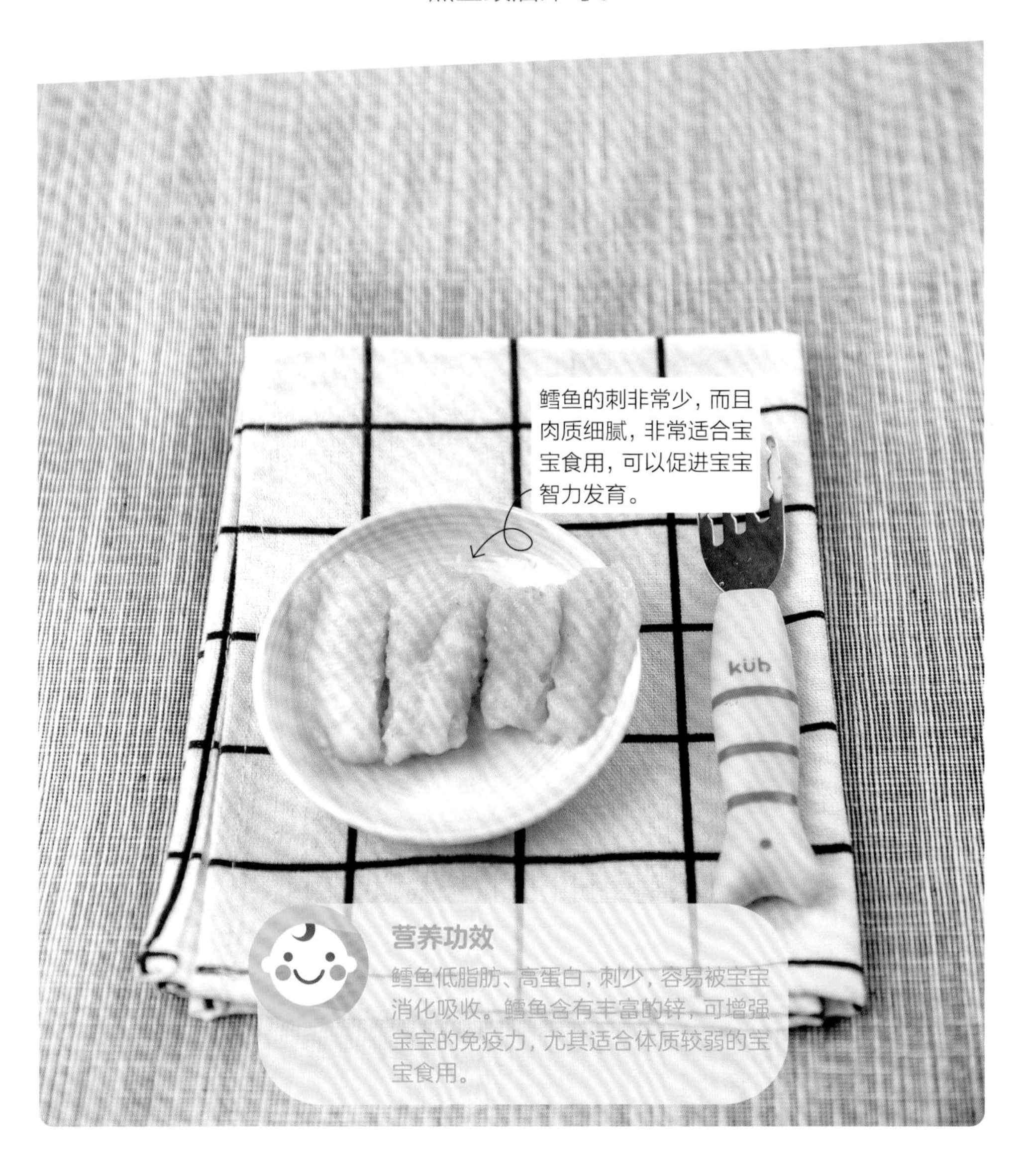

营养功效

鳕鱼低脂肪、高蛋白，刺少，容易被宝宝消化吸收。鳕鱼含有丰富的锌，可增强宝宝的免疫力，尤其适合体质较弱的宝宝食用。

核桃百合粥

原料

大米 50 克，核桃 20 克，百合 10 克。

做法

1. 大米洗净，浸泡 1 小时；百合洗净，浸泡；核桃捣碎。
2. 将大米、百合、核桃碎一起下锅，加适量水。
3. 小火煮 40 分钟即可。

营养功效

核桃仁补肾健脑，润泽肌肤；百合美容养颜。此粥不仅美味可口，还健脑补肾，增强宝宝记忆力。

白菜饺子

原料

肉末 50 克，白菜 30 克，饺子皮 10 张，盐、姜末各适量。

做法

1. 白菜洗净，切碎，挤出多余水分；肉末里放入姜末、盐搅拌均匀。
2. 用饺子皮包成饺子；锅烧热水放入饺子煮熟即可。

营养功效

白菜含大量膳食纤维，可以促进肠道蠕动；而且富含钙质，有助于宝宝骨骼发育。

鱼丸青菜汤

原料

鱼肉100克，
青菜30克，
鸡蛋1个，
淀粉、香油、
盐各适量。

做法

1. 青菜洗净，放入热水中焯烫，切碎；鱼肉洗净，剁成泥；鸡蛋在碗中打散。
2. 鱼肉泥中放入淀粉，顺时针搅拌至浓稠，挤成丸状。
3. 锅烧热水，下入鱼丸煮熟，出锅前放入青菜碎，淋上蛋液，加盐、香油调味即可。

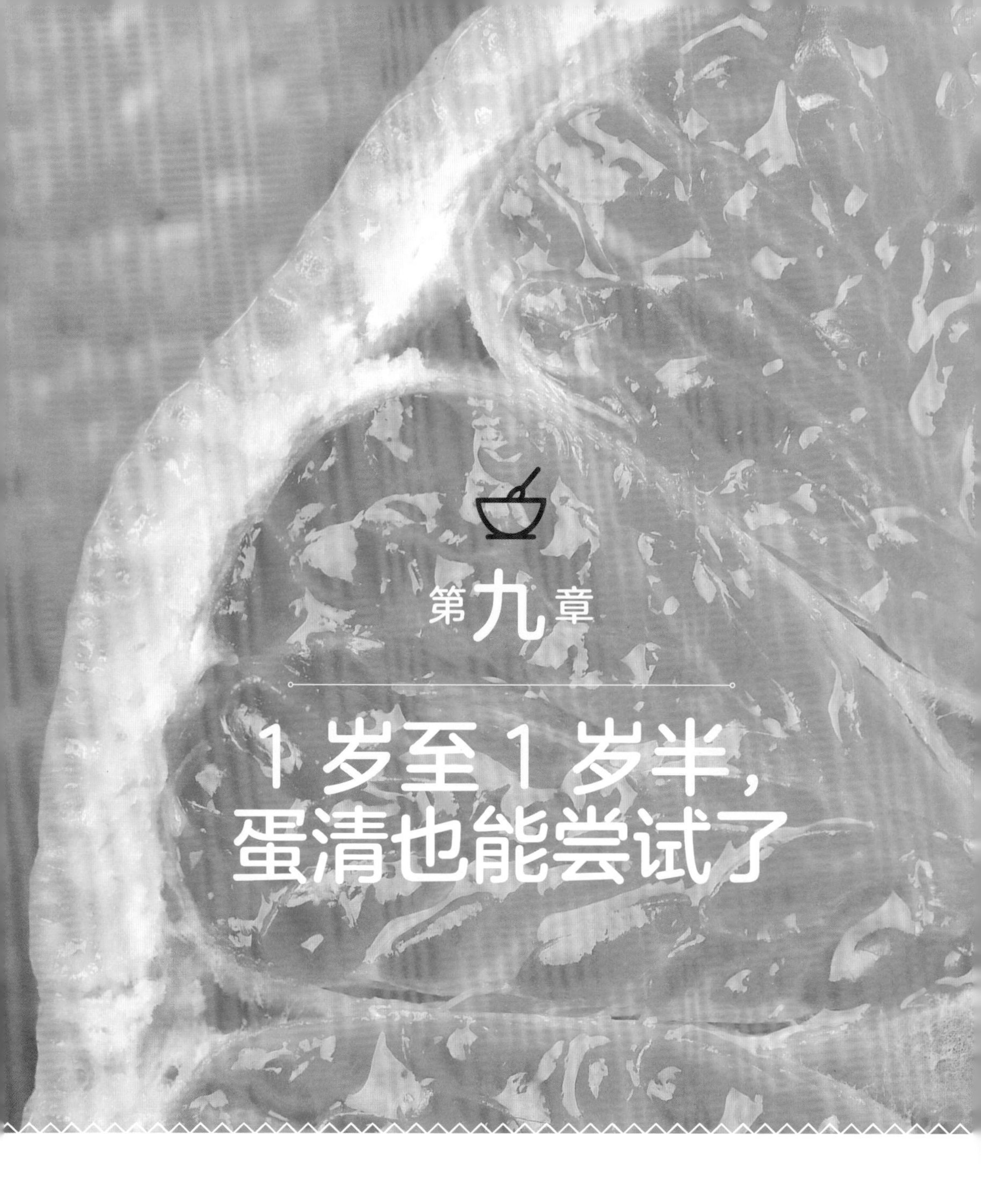

第九章

1岁至1岁半，蛋清也能尝试了

1岁至1岁半的宝宝大多能自如地行走，而且很喜欢爬台阶，在喂养上也逐渐接近成人。固体食物在宝宝食物中占的比重越来越大，宝宝可能会偏爱某一种或几种食物，虽然不强求宝宝吃所有食物，但需保证每一大类食物的摄入量，谷物、蔬菜、水果、鱼肉、蛋、豆类都不能少。

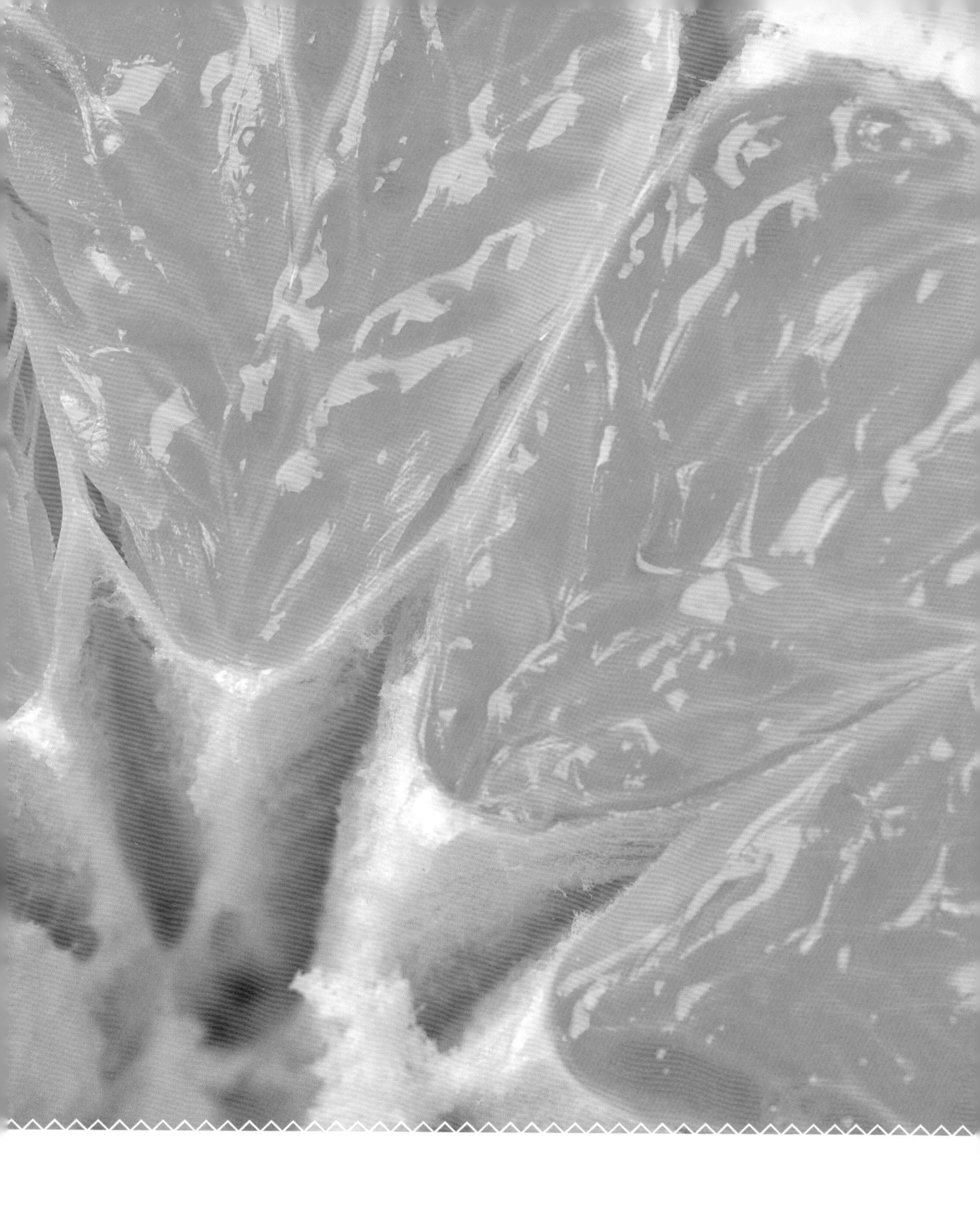

1 岁至 1 岁半喂养指南

宝宝 1 岁以后的生长速度相比婴儿期会变慢，食欲波动很大。每隔一段时间宝宝的胃口就会不好，只要宝宝摄入食物质地更厚实，能量密度较婴儿期更高，而且宝宝没有身体不适，玩得好，情绪也很好，妈妈就不用担心。

宝宝咀嚼能力有了很大进步，但牙齿还没有长全，仍以清淡、软烂、易咀嚼食物为主。鼓励宝宝适当饮水，但不宜摄入饮料。这个时候，固体食物要占到宝宝食物量的 50%，母乳或配方奶开始成为辅食。保证每日奶量 300～500 毫升即可。给宝宝的食物要注意多样化。

早上 7 点：哺乳或配方奶 200 毫升，水果烙 2~3 个。

上午 10 点：蒸鳕鱼糕 70 克。

中午 12 点：牛肉菜花粥 1 碗，丝瓜炒蛋 100 克。

下午 3 点：水果 80 克。

傍晚 6 点：鲜肉蛋饺 100 克，白菜豆腐汤 1 碗。

晚上 9 点：母乳或配方奶 250 毫升。

补充铁质

7~12 个月的宝宝每天需要摄入 11 毫克的铁。宝宝如果缺铁，会皮肤苍白、食欲下降、精神萎靡，严重时会影响宝宝认知发育、学习能力和行为发育。

家长注意多给宝宝补充含铁丰富且吸收率较高的动物性食物，如猪肝、瘦肉等。需注意，蛋黄含有的卵黄高磷蛋白会抑制铁的吸收，而且吃一个蛋黄只补充 0.048 毫克的铁，不是补铁最佳选择。不过，蛋黄中含有其他丰富的营养素，仍需要保证宝宝每天一个蛋黄。不要盲目给孩子进补铁剂，过量补铁对宝宝身体反而不利。

妈妈要注意的事

安抚宝宝

戒掉吃手

给宝宝安全感

从宝宝一出生开始，父母就要给予宝宝足够的安全感和高质量的陪伴，和宝宝多说话，让他知道爸爸妈妈在关注着他。再者，父母要引导宝宝正确地表达情绪。宝宝在 1~3 岁会经历第一个敏感期，有时候比较自我，开始和父母“唱反调”，出现哭闹不止、混乱的局面，让爸爸妈妈头疼又不知所措。宝宝也希望别人遵照他的意愿行事，会不断地试探家长的底线，来确定自己哪些可以做，哪些不可以做。所以家长做事不能强求，首先要认可宝宝的需求，无论什么事情，父母都要给宝宝的反应一个反馈，告诉宝宝用更正确的方式表达他想要的东西，让宝宝知道自我的控制和平和的态度是被喜欢的。

帮宝宝戒掉吃手

当宝宝感到不安、烦躁时，会通过吃手平复情绪。宝宝 1 岁以内，无需刻意干预他吃手，只要保证他的小手干净就行。宝宝 1 岁以后，频繁地吃手会形成依赖，对牙齿的生长及语言发展产生影响，家长就要适时干预了。

首先要采取比较温和的提醒方式，再就是转移宝宝注意力，当宝宝玩起来的时候，就会忘记吃手。也可以寻找代替物，诱导宝宝接受安抚奶嘴，或者准备咬胶或磨牙类玩具，逐渐削弱吃手对宝宝的吸引力。

小小餐桌礼仪

宝宝自己吃饭，是独立生活的第一步。当宝宝可以自己握着勺子吃饭时，家长就放手让孩子自己决定吃什么、吃多少。

宝宝自己吃饭是这样一个发展过程：手抓→手勺并用→勺子→筷子。宝宝还小的时候，家长可以辅助喂食，18~24 个月的宝宝可以稳定拿住小勺自喂，并且较少洒落，这时家长就要让宝宝自主进食了。

宝宝辅食跟我做

紫薯花卷

原料

紫薯 100 克，面粉 30 克。

做法

1. 紫薯上锅蒸熟，去皮后捣成泥；面粉加适量水和成面团，擀成片。
2. 将紫薯泥铺在面片上，卷成直筒状，分成若干小剂子，上锅蒸熟即可。

营养功效

紫薯富含硒、铁等元素，可增加宝宝的免疫力，其中富含的蛋白质、氨基酸极易被人体消化、吸收。

橙汁

原料

橙子 100 克。

做法

1. 将橙子去皮，切成瓣。
2. 将切好的橙子放入榨汁机中榨汁，然后加适量温水稀释即可。

营养功效

鲜榨橙汁中富含维生素，可以增进宝宝食欲，增强机体抵抗力，还能促进肠道蠕动。

鲜肉蛋饺

原料

鸡蛋2个，
猪肉馅50克，
木耳5克，
姜末、葱花、盐、
生抽、油各适量。

做法

1 木耳泡发，切成碎末；鸡蛋在碗中打散。

2 猪肉馅里放入木耳碎、姜末、葱花、生抽、盐搅拌均匀。

3 平底锅刷油，倒入蛋液，放上馅料，折叠蛋皮。再上锅蒸5～10分钟即可。

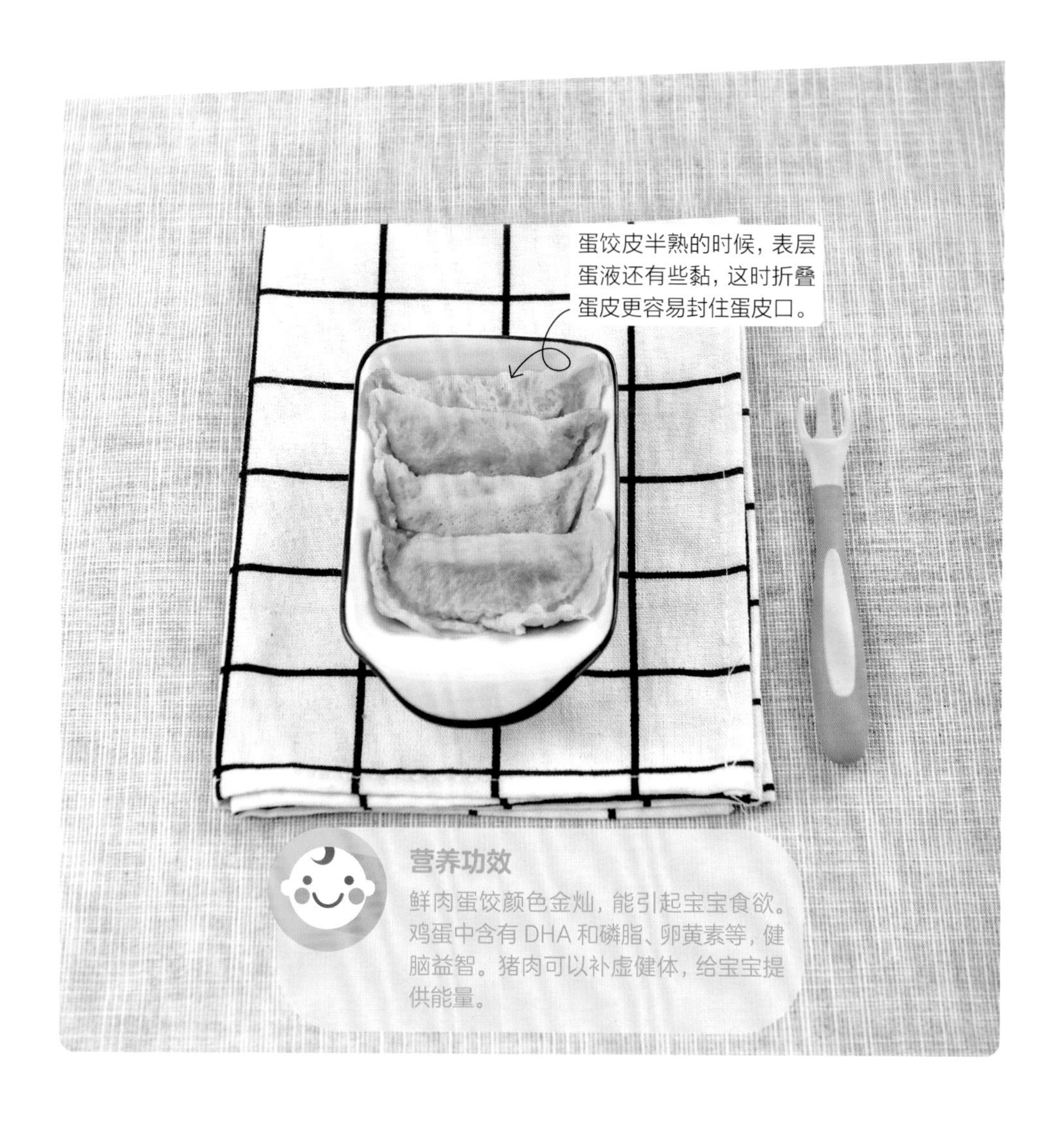

营养功效

鲜肉蛋饺颜色金灿，能引起宝宝食欲。鸡蛋中含有DHA和磷脂、卵黄素等，健脑益智。猪肉可以补虚健体，给宝宝提供能量。

肉末菜花粥

原料

大米30克，猪肉末、西蓝花各20克。

做法

1. 西蓝花洗净，热水焯烫，切成小朵；大米洗净，浸泡1小时。
2. 大米放入锅中，加适量水，大火烧沸后转中火，倒入猪肉末、西蓝花熬熟即可。

营养功效

肉末菜花粥养胃，易消化。米粥会在肠黏膜上形成一层保护膜，可以缓解宝宝肠道消化压力。

炒紫甘蓝

原料

紫甘蓝30克，油、盐各适量。

做法

1. 紫甘蓝洗净，切细丝。
2. 油锅烧热，放入紫甘蓝丝翻炒，出锅前加适量盐调味即可。

营养功效

紫甘蓝具有清热祛火的作用，并且含有丰富的花青素，可以缓解感冒给宝宝带来的喉痛肿痛。

黄豆豆浆

原料

黄豆20克。

做法

黄豆放入清水中浸泡2小时，再倒入豆浆机中，加适量水打成豆浆。

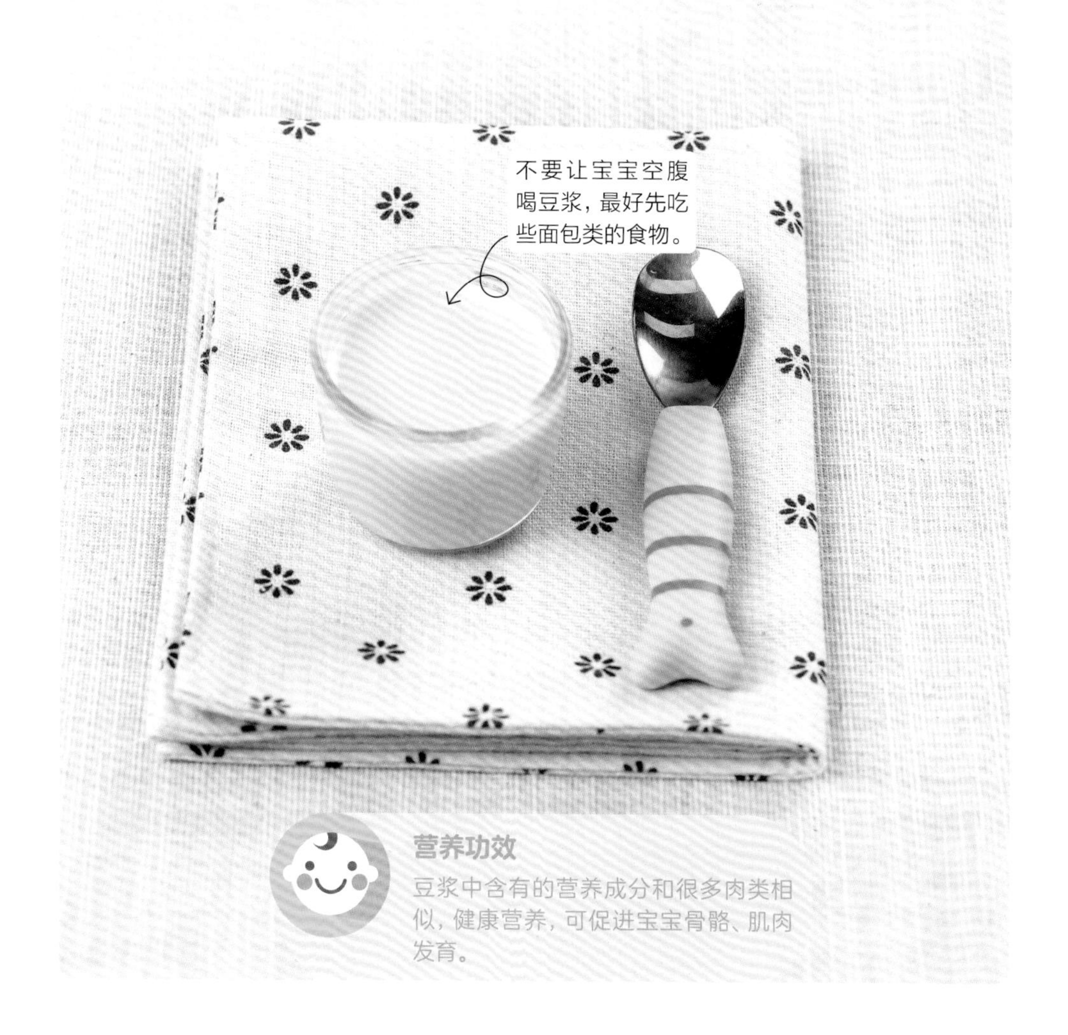

丝瓜炒蛋

原料

丝瓜 50 克，鸡蛋 1 个，油、盐各适量。

做法

1. 丝瓜洗净，切片，在热水中焯烫；鸡蛋打入碗中，搅拌均匀。
2. 油锅烧热，放入鸡蛋液炒成碎块，盛出。
3. 再起油锅放入丝瓜片、鸡蛋碎一起翻炒，烹入少许水，炒熟后加适量盐调味即可。

营养功效

丝瓜中含维生素较多，鸡蛋富含钙、磷、铁及 B 族维生素等，可促进宝宝神经系统的发育。

黄瓜烧腐竹

原料

黄瓜、腐竹各 50 克，油、盐各适量。

做法

1. 黄瓜洗净，切小片；腐竹泡发，切小段。
2. 锅烧热，加少许油，放入黄瓜片、腐竹段炒至断生，加适量盐调味即可。

营养功效

腐竹中含有的卵磷脂可以促进宝宝大脑发育；黄瓜中含有的葫芦素 C 可提高宝宝免疫功能。

紫菜包饭

原料

熟米饭、黄瓜各50克，鸡蛋1个，蟹棒1根，紫菜适量。

做法

1. 黄瓜洗净，切成细条，上锅蒸熟；鸡蛋煮熟，取出蛋黄。
2. 将熟米饭平铺在紫菜上，放入熟黄瓜条，鸡蛋黄、蟹棒卷成即可。

营养功效

紫菜富含碘、钙、铁等营养元素，可以预防宝宝贫血，促进骨骼、牙齿生长发育。

木耳炒菜花

原料

菜花30克，木耳5克，蒜末、盐、油各适量。

做法

1. 菜花洗净，切碎末；木耳用清水泡发，撕成小朵。
2. 油锅烧热，放入蒜末爆香，倒入菜花末翻炒，再放入木耳朵，出锅前加适量盐调味即可。

营养功效

菜花中含有丰富的维生素A、维生素E等物质，可以增强机体的抗氧化能力，护卫宝宝皮肤。

虾仁豆腐汤

原料

虾仁3个，豆腐30克，盐、高汤各适量。

做法

1. 豆腐切成小块。
2. 锅烧热水，放适量高汤，倒入豆腐块、虾仁，小火炖煮，出锅前放盐调味即可。

营养功效

虾仁是宝宝补充蛋白质的重要来源，其钙、镁含量也很丰富。豆腐与虾仁搭配，营养可以互补。

什锦炒面

原料

虾仁2个，
胡萝卜50克，
青菜30克，
宝宝面条20克，
油适量。

做法

1 虾仁洗净，剁碎；胡萝卜、青菜洗净，切碎；宝宝面条煮熟。

2 油锅烧热，放入虾仁碎、胡萝卜碎、青菜碎翻炒。

3 再放入宝宝面条继续翻炒均匀即可。

营养功效

什锦炒面富含碳水化合物、蛋白质、维生素，为宝宝提供能量，提高免疫力。

清炒土豆丝

原料

土豆50克，蒜末、油、盐各适量。

做法

1. 土豆洗净，去皮，切丝，热水焯烫后过凉水。
2. 锅中放油，放入蒜末爆香，倒入土豆丝翻炒，出锅前加盐调味即可。

营养功效

土豆营养价值非常高，含有丰富的碳水化合物，能够为宝宝提供充足的能量。

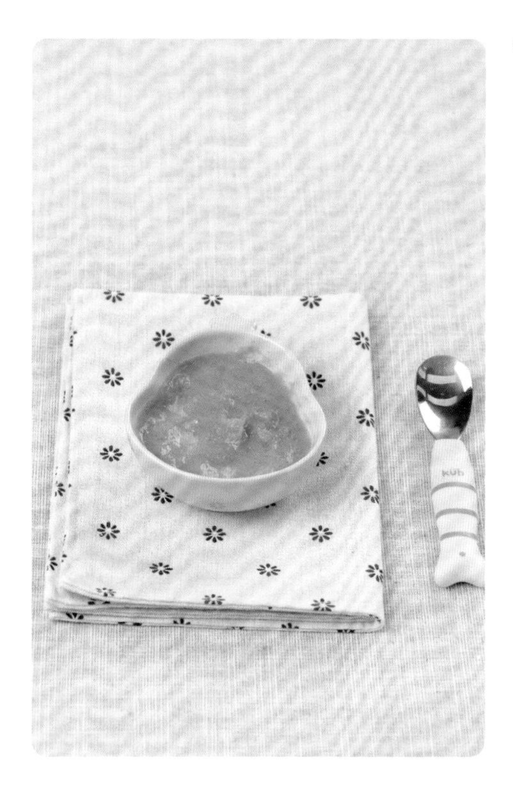

奶香南瓜汁

原料

牛奶100克，南瓜50克，淀粉5克。

做法

1. 南瓜去皮，切块；淀粉加适量水；南瓜块、牛奶放入料理机中打成糊。
2. 将南瓜牛奶糊倒入锅中，一边加热一边倒入水淀粉，小火熬煮即可。

营养功效

南瓜中含有丰富的锌，可以促进宝宝生长发育；牛奶可满足宝宝对蛋白质、钙等的需求，两者搭配，营养又美味。

水果沙拉

原料

香蕉、红心火龙果、苹果各30克，酸奶30毫升。

做法

1. 香蕉去皮，切小片；苹果洗净去皮，去核，切成小片；红心火龙果去皮，切小块。
2. 将切好的水果放入碗中，倒入酸奶搅拌均匀即可。

营养功效

火龙果中的含铁量比一般的水果要高，可以预防贫血。香蕉中含有丰富的糖分、蛋白质、维生素等多种营养素，能够补充身体的能量。水果搭配酸奶，能够提高宝宝的食欲，补充多种营养元素。

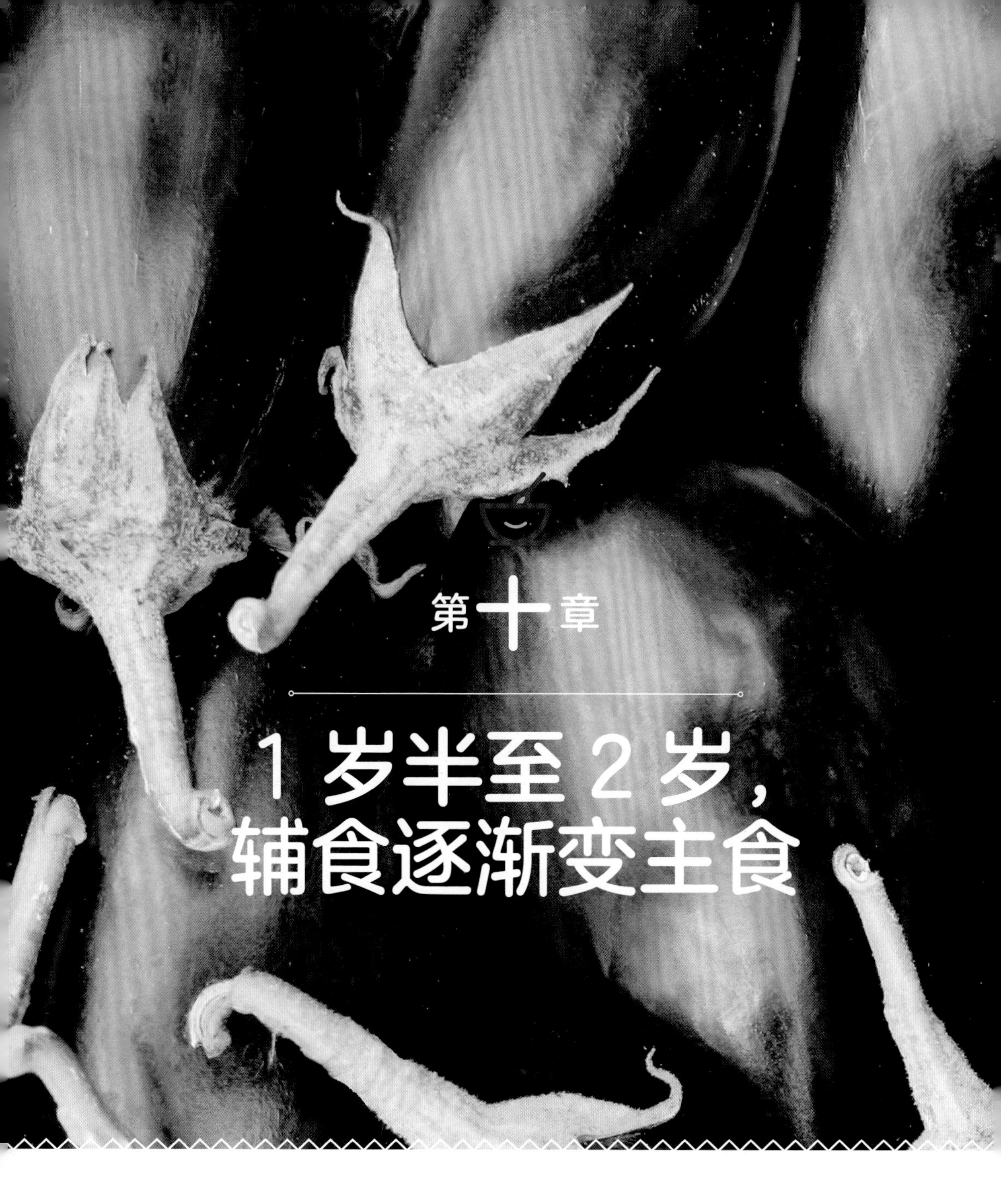

第十章

1 岁半至 2 岁，辅食逐渐变主食

这个时候的宝宝可以吃大部分食物了，在制作方法上可以尝试煎、炒的方式，但饮食一定要注意清淡，以少油、少盐为主，这样是比较适合宝宝的。同时，还需要不断规范宝宝用餐的习惯。1 岁多的宝宝正处于走路阶段，每天的运动量是非常大的，家长要注意在两餐间隔时间给宝宝补充食物和水分。

1岁半至2岁喂养指南

对于1岁半至2岁的宝宝来说，生长发育依然是这个时期的主旋律。这个时候宝宝的神经系统快速发展，提供给宝宝合理、营养的膳食十分重要。

宝宝的咀嚼功能进一步完善，可以嚼碎肉丁、果蔬块。注意不要让宝宝吃得太快，注意培养宝宝细嚼慢咽的习惯。母乳喂养的宝宝要开始断奶了，同时每日需补充400毫升配方奶。在吃正餐前，尽量不给宝宝吃东西或喝过多的水，以免影响宝宝食欲。宝宝的食物中每天要保证有1个鸡蛋，主食中适当有些粗粮，以促进肠胃蠕动。主食中的荤菜可以选择鱼类、肉糜、肝泥等；蔬菜中红、深绿色蔬菜，如胡萝卜、青菜、西红柿等，量要占一半以上。

早上7点： 哺乳或配方奶200毫升，水果烙2~3个。

上午10点： 蒸鳕鱼糕70克。

中午12点： 干贝粥1碗，木耳炒肉末100克。

下午3点： 水果80克。

傍晚6点： 三味蛋饺100克，白菜豆腐汤1碗。

晚上9点： 母乳或配方奶250毫升。

补充钙质

1~2岁宝宝每天钙需求量为600 毫克。如果宝宝缺钙，会影响身体发育的速度，造成精神萎靡，而且容易出现驼背。人体对各种钙片的吸收较差，对食物中的钙吸收才好。因此，如果宝宝缺钙，建议首先要多摄入含钙量高的食物，比如虾皮、排骨、黑豆、牛奶、鸡蛋、青菜、虾肉、紫菜、海带等。

补钙要点：

①宝宝每日饮奶量350~500 毫升。

②补充维生素D，促进钙吸收。

③户外运动，晒晒太阳提高免疫力，促进钙吸收。

④均衡膳食既是补钙好方式，还是健康的第一步。

妈妈要注意的事

宝宝断奶　开发脑力

循序渐进地断奶

随着哺乳月份的增加，母乳的质量会逐渐下降，一般在1岁半左右就应该给宝宝断奶了。断奶要循序渐进，将以母乳为主的饮食方式逐步过渡到以粥、饭为主。第1天给宝宝减少1次母乳，以后每3日再减少1次，同时注意辅食量的增加。断奶的时间以宝宝健康状况良好时为最佳。

宝宝断奶后，要继续喝奶粉或者牛奶，这对宝宝的骨骼发育有好处。刚刚断奶的时候，家长要给宝宝多吃比较清淡的东西，如小米粥。流食更有助于宝宝吸收，并且要注意少食多餐。在断奶初期，妈妈要暂时和宝宝分床休息。爸爸在这个时期要多陪伴宝宝，减少宝宝的不安全感。

帮宝宝开发脑智力

1岁左右是脑部发育的关键期，宝宝的早期经历会对以后的成长有长远影响。家长一些简单的动作，如搂抱、对话、微笑等都会刺激宝宝大脑细胞的发育。宝宝去到不同的地方、接触不同的事物与声音，大脑也会受到更多的刺激。家长给宝宝营造一个充满爱心、气氛欢乐的家庭环境，长大后宝宝处理问题的能力更强，不容易被压力压垮。对宝宝来说，玩耍既是乐趣也是学习，家长要带着宝宝适量地做游戏、运动。早期教育不是给宝宝灌输各种知识，而是引导他去认识这个世界。

小小餐桌礼仪

节俭是一种美德，家长要引导宝宝养成珍惜粮食的好习惯。宝宝不浪费食物不是把家长盛的饭都吃完，而是按自己的分量把食物一扫而空。家长要掌握做辅食的量，不能太多。这是因为剩饭如果下顿再吃不健康，如果扔掉，是一种浪费，而且还会给宝宝传递浪费食物的信号。家长要让宝宝养成自己盛饭的习惯，根据自己需求拿取食物。如果粥、汤太烫，宝宝无法亲自盛，可以由大人代盛，由宝宝决定吃多少。宝宝自己决定的量，一定自己吃完，这样既可以教给宝宝不要浪费食物，还可以锻炼宝宝吃饭时的自制能力。

南瓜发糕

原料

面粉100克，南瓜50克，酵母适量。

做法

1. 南瓜洗净，去皮，蒸熟后捣成泥；倒入面粉、酵母揉成面团。
2. 面团发酵好，分成若干小剂子，上锅蒸熟即可。

营养功效

南瓜中含有蛋白质、胡萝卜素、B族维生素和钙、磷等成分，营养丰富，可促进宝宝身体新陈代谢。

青菜排骨面

原料

宝宝面条50克，青菜30克，香菇2朵，排骨肉糜、排骨汤各适量。

做法

1. 青菜洗净，用热水焯烫，切碎；香菇洗净，去蒂，切丁。
2. 锅中放入水和适量排骨汤，煮沸后放入宝宝面条、排骨肉糜、香菇丁、青菜碎煮熟即可。

营养功效

排骨面鲜香味浓。排骨除含有蛋白质、脂肪、维生素外，还含有大量磷酸钙，可为宝宝提供钙质。

西红柿疙瘩汤

原料

面粉 50 克，
鸡蛋 1 个，
西红柿、青菜各 20 克，
油、盐各适量。

做法

1 鸡蛋打入面粉中，加适量水，拌成面疙瘩；西红柿洗净，在热水中焯烫，去皮，切碎；青菜洗净，切碎。

2 油锅烧热，倒入西红柿碎翻炒，加热水，下入面疙瘩，再放入青菜碎，出锅前加盐调味即可。

营养功效

西红柿疙瘩汤省时省力，而且西红柿营养丰富，含有胡萝卜素、维生素 C 和 B 族维生素，具有健胃消食、生津止渴、清热解毒的功效。

胡萝卜玉米排骨汤

原料

排骨100克，甜玉米、胡萝卜各30克，姜片、盐各适量。

做法

1 排骨洗净，放水中焯烫，捞出来沥干；胡萝卜去皮，切块；甜玉米切段。

2 将排骨、胡萝卜块、玉米段、姜片放入锅中，加适量水，中火煲2小时，出锅前加盐调味即可。

营养功效

此汤清淡可口，营养丰富，可以增加机体免疫力，还可保护宝宝视力。

干贝粥

原料

干贝50克，大米30克，菠菜20克。

做法

1 菠菜洗净，热水焯烫后切碎；大米洗净，浸泡1小时。

2 大米、干贝放入锅中，加适量水，煮沸后转小火熬30分钟。

3 出锅前放入菠菜碎煮熟即可。

营养功效

干贝粥具有促进大脑发育、促进骨骼生长的作用，非常适宜宝宝食用。

玉米饼

原料

玉米粉、面粉各50克，酵母适量。

做法

1 玉米粉和面粉中加适量酵母和水，揉成面团，分成小剂子，醒发30分钟。

2 锅中烧水，水开后将玉米饼放入锅中蒸20分钟即可。

营养功效

玉米中含有较多的膳食纤维，可加强肠道蠕动，有效预防宝宝便秘。

木耳炒肉末

原料

肉末 50 克，木耳 20 克，姜末、油、盐各适量。

做法

1. 木耳泡发，洗净，切成碎末。
2. 油锅烧热，放入姜末爆香，放入肉末炒至变色，下木耳炒熟，出锅前加少许盐即可。

营养功效

木耳是一种菌类，里面含有丰富的黏多糖，可促进肠道菌群更好发挥作用。

猪肝粥

原料

大米、猪肝各 30 克，青菜 20 克。

做法

1. 大米洗净，浸泡 1 小时；猪肝洗净，切成碎末；青菜洗净，热水焯烫后切碎。
2. 大米放入锅中，加适量水，大火煮沸后，放入猪肝继续熬煮 30 分钟，出锅前放上青菜碎拌匀即可。

营养功效

猪肝里面含大量的卵磷脂、蛋白质和铁离子，可增强宝宝的免疫力，而且也有补血的功效。

山药胡萝卜排骨汤

原料

排骨100克，山药、胡萝卜各30克，姜片、盐各适量。

做法

1. 排骨洗净，焯水；山药去皮，洗净，切块；胡萝卜洗净，切块。
2. 排骨、姜片放入锅中，加适量水，大火煮开后转小火煮30分钟，放山药块、胡萝卜块煮至软烂，加盐调味即可。

排骨在熬汤时，适当加些醋，有利于钙的析出。

营养功效

山药胡萝卜排骨汤富含纤维素和维生素，可刺激胃肠蠕动，利于新陈代谢；富含钙质，可促进宝宝骨骼发育。

虾仁炒蛋

原料

虾仁 4 只，鸡蛋 1 个，油、盐各适量。

做法

1. 虾仁洗净，剁碎；鸡蛋打散。
2. 油锅烧热，倒入鸡蛋液翻炒，再放入虾仁碎炒至熟，出锅前加盐调味即可。

营养功效

虾仁肉质松软，易消化。鸡蛋中含有大量的矿物质及优质蛋白质，是人类最好的营养来源之一。

青菜胡萝卜鱼丸汤

原料

鱼丸 50 克，青菜、胡萝卜各 30 克，盐适量。

做法

1. 青菜洗净，用热水焯烫，剁碎；胡萝卜洗净，切成丁。
2. 锅内加入适量水，放胡萝卜丁煮软，再放入青菜碎、鱼丸煮熟，加适量盐调味即可。

营养功效

胡萝卜中的维生素 A 是宝宝骨骼正常发育的必需物质，有利于细胞的生殖与增长。

菠菜煎饼

原料

菠菜100克，面粉30克，鸡蛋1个，油、盐各适量。

做法

1 菠菜洗净，用热水焯烫后切碎末；鸡蛋打散。

2 菠菜碎、鸡蛋液、面粉搅拌在一起，加少许盐。

3 油锅烧热，倒入面糊，煎至两面金黄即可。

摊面糊的时候最好选用平底锅，刷一层薄薄的油，饼的形状会更好看。

营养功效

菠菜煎饼中含有丰富维生素C、胡萝卜素、蛋白质，尤其是菠菜含有丰富的膳食纤维，具有促进肠道蠕动的作用，利于宝宝排便。

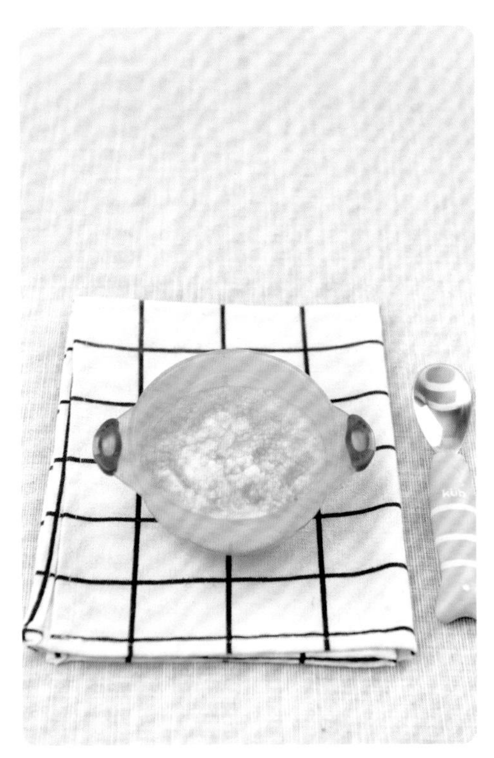

鳕鱼粥

原料

鳕鱼50克，大米、小米各15克，姜片适量。

做法

1. 大米、小米洗净，浸泡30分钟；鳕鱼洗净剁碎，放上姜片腌制5分钟。
2. 将大米、小米放入锅中，加水熬成粥，倒入鳕鱼碎，再煮10分钟即可。

营养功效

鳕鱼粥具有健脑、润肠、防癌等功效，还可以提升机体免疫能力。

花蛤豆腐汤

原料

蛤蜊100克，豆腐30克，姜片、油、盐、高汤各适量。

做法

1. 蛤蜊放清水中静置2小时；豆腐切小块。
2. 锅里放少许油，放入姜片爆香，加入清水与高汤，放入豆腐块煮开，再放入蛤蜊，出锅前加盐调味即可。

营养功效

蛤蜊中含有大量微量元素、蛋白质，可以增强宝宝的抵抗力。此汤还具有明目去火的功效。

紫薯饭团

原料

紫薯 100 克，
大米 30 克。

做法

1 紫薯洗净，上锅蒸熟后捣成泥；大米洗净，上锅蒸熟。

2 紫薯泥和熟米饭拌匀，揉成团状即可。

营养功效

紫薯中含有膳食纤维，可以促进肠胃的蠕动和肠道消化，防止便秘。紫薯还富含硒、铁等元素，可以增强宝宝的免疫力。

第十一章

2~3 岁，基本和大人吃得一样了

2~3 岁的宝宝逐渐出齐全部的乳牙了，可以自己用牙齿咀嚼较硬的固体食物。宝宝咀嚼和消化功能进一步增强，基本能接受家常食物，但胃容量仅为 250~350 毫升，肠胃功能也没有发育完善，因此要少食多餐，而且每天还应该喝些牛奶或豆浆。

2~3岁喂养指南

生长发育依然是这个时期的主旋律。这个时候宝宝的神经系统快速发展，给宝宝提供合理、营养的膳食十分重要。

宝宝2岁以后的食物已经和大人基本一样了，但是要遵循少盐少油、口味清淡、三餐规律的原则。这个时候的宝宝喜欢到处跑跑看看，运动量较大，食物的总热量要达到5442千焦(1300千卡)才能满足一天营养和运动的需求。宝宝需要补充全面而充足的营养，所需的蛋白质、脂肪和碳水化合物的重量比例约为1:0.8:4。

2岁以上的宝宝每天需要补充600 IU的维生素D。维生素D主要来源于动物性食物，如海鱼、动物肝脏、蛋黄和瘦肉，以及自身合成。家长每天带宝宝在室外阳光下活动2小时，通过晒阳光促进维生素D的合成，也可以锻炼宝宝身体。

宝宝这个时候要多摄入含碘丰富的食物，促进大脑的发育。碘是机体制造甲状腺素所必需的元素，甲状腺素可以促进神经系统功能发育。因此，应适当添加含碘食物，如海带、紫菜等。

合理饮食，预防肥胖

宝宝肥胖多是由于饮食过量和运动少造成的。肥胖对宝宝危害很大，儿童时期体脂超标的宝宝，成年后患糖尿病的风险是正常体重宝宝的2.7倍。

合理饮食和增加运动量是控制宝宝体重的基础。家长要在宝宝没有饥饿感的前提下控制饮食，营养均衡。让宝宝少喝或不喝各种饮料，多喝白开水；培养宝宝好的进餐习惯，如细嚼慢咽、专注吃饭；纠正宝宝边看电视边吃东西的习惯。防治孩子肥胖、降低体重最好的方式是运动，通过走路、做游戏等让宝宝每天至少有1~2小时的活动时间。

妈妈要注意的事

测量身高

关注体重

测量体重、身高

爸爸妈妈要定期给宝宝测量体重、身高，观察宝宝生长发育的曲线是否正常。

体重测量：测量时让宝宝空腹，并且排去大小便，否则容易与宝宝的净重体重出现误差。为了避免宝宝受凉，家长可以抱着宝宝一起称体重，然后减去家长的体重以及宝宝衣服的重量，就可以了。

身高测量：让宝宝平躺在床上，分别用硬纸板顶住宝宝头顶和足底的位置上做标记，再用皮尺测量两个标记之间的距离。

满 3 岁宝宝体重、身高参考表

	体重（千克）		身高（厘米）	
	平均值	**正常范围**	**平均值**	**正常范围**
男宝宝	14.65	13.85~15.47	97.5	96.3~99.7
女宝宝	14.13	13.33~14.05	96.3	95.7~98.9

小小餐桌礼仪

宝宝 2~3 岁时，可以让宝宝适当地参与饭前准备、饭后收拾的过程。比如，家长和宝宝一起买菜、选择食材，饭前分发吃饭用的筷子、勺子，然后大家一起就餐，饭后可以让宝宝帮忙擦桌子等。宝宝对做饭有参与感，吃饭也会更有兴趣。同时，这也能让宝宝感受到他是家里的一分子，培养他对家庭的责任感。宝宝当个小帮厨是最简单的锻炼，在远离危险物件的前提下，家长不要过于担心宝宝会受伤。宝宝开心地参与并感受到做饭的乐趣，也是在学习享受生活。

宝宝辅食跟我做

牛肉粥

原料

牛肉末 50 克，大米 30 克，盐适量。

做法

1 大米洗净，清水浸泡 30 分钟。

2 锅中放入大米，加水煮沸后放入牛肉末熬熟，出锅前加适量盐调味即可。

营养功效

牛肉粥具有补脾胃、益气血、强筋骨等作用，宝宝喝牛肉粥可以增强抵抗力。

蒜蓉西蓝花

原料

西蓝花 100 克，油、蒜末、盐各适量。

做法

1 西蓝花洗净，切小朵，放入热水中焯烫 30 秒。

2 油锅烧热，放入蒜末爆香，倒入西蓝花朵翻炒，出锅前加盐调味即可。

营养功效

西蓝花中含有丰富的维生素 C，能提高机体免疫力，可预防宝宝感冒和坏血病的发生。

洋葱炒鸡蛋

原料

洋葱50克，
鸡蛋1个，
油、盐各适量。

做法

1. 洋葱洗净，切小片；鸡蛋在碗中打散。
2. 油锅烧热，放入鸡蛋液翻炒，再放入洋葱片，出锅前放盐调味即可。

肉末豆角

原料

豆角、猪肉末各 50 克，油、葱末、姜丝、盐、料酒各适量。

做法

1. 豆角洗净，切段。
2. 油锅烧热，放入葱末、姜丝爆香，放肉末翻炒，加料酒，放入豆角段、盐及少许清水，炒至豆角段熟透即可。

营养功效

豆角入脾经和胃经，非常适合消化不良、肠胃蠕动不足的宝宝食用。

西红柿炖豆腐

原料

西红柿 100 克，豆腐 50 克，油、盐各适量。

做法

1. 西红柿洗净，用刀划“十”字，热水焯烫去皮，切小块，豆腐切小块。
2. 锅烧热，加适量油，放入西红柿块炒至软烂。
3. 锅中烹入少许水，放入豆腐块，炖熟后加适量盐调味。

营养功效

西红柿炖豆腐清热解毒，非常适合宝宝夏季食用。西红柿、豆腐性微凉，能够润燥生津。

卤鹌鹑蛋

原料

鹌鹑蛋 100 克，八角、姜片、香叶、桂皮、花椒、盐、生抽、料酒各适量。

做法

1 鹌鹑蛋洗净，放入锅中煮熟，用凉水冲洗后去皮。

2 将鹌鹑蛋放入锅中，放入八角、香叶、桂皮、姜片、花椒、生抽、料酒、盐，中火熬煮 10 分钟后闷 4 小时。

鹌鹑蛋煮前放入清水里浸泡一会儿，可以避免煮的时候开裂。

营养功效

鹌鹑蛋所含的卵磷脂和脑磷脂比鸡蛋中的高出 3~4 倍，因此健脑、补脑的效果更好。

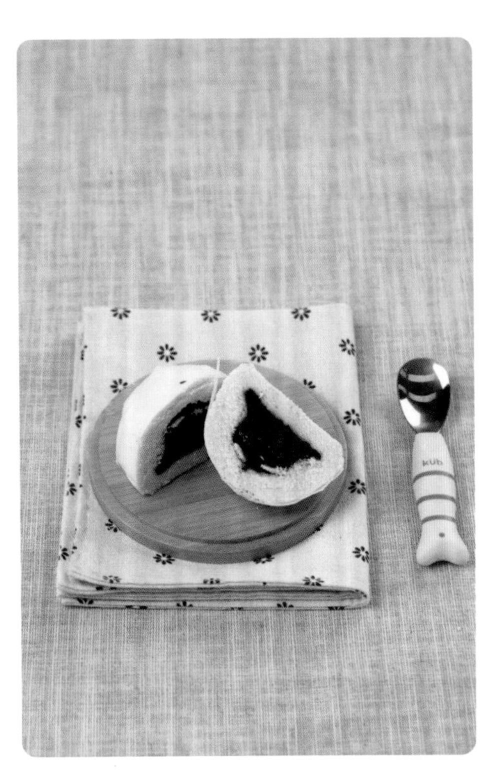

红豆沙包

原料

红小豆200克，面粉50克，酵母2克，红糖适量。

做法

1 红小豆放水中浸泡2小时；面粉加入水、酵母和成面团，醒发30分钟。

2 红小豆放入锅中，加水煮熟，捣成豆沙馅，加适量红糖。

3 包成豆沙包，上锅蒸熟即可。

营养功效

红豆中含有丰富的铁质，可预防宝宝贫血；其外皮中所含的皂角苷有利尿作用，可缓解身体水肿。

卤鸡蛋

原料

鸡蛋1个，茶叶5克，生抽、香叶、桂皮、八角各适量。

做法

1 鸡蛋煮熟敲碎，放入电饭煲中加入茶叶、生抽、香叶、桂皮、八角。

2 加水没过鸡蛋，煲40分钟入味即可。

营养功效

卤鸡蛋味醇香浓，百吃不厌。卤蛋中包含了多种人体所必需的营养物质，非常适合宝宝食用。

香炒玉米粒

原料

鸡蛋1个，甜玉米粒100克，油、盐各适量。

做法

1 鸡蛋在碗中打散。

2 油锅烧热，倒入鸡蛋翻炒，再放入玉米粒继续翻炒，出锅前放入盐调味即可。

营养功效

香炒玉米粒口感香甜，玉米中含有丰富的膳食纤维可消除饥饿感；热量低，是控制宝宝体重的食品之一。

 糙米粥

原料

南瓜 50 克，糙米、燕麦各 20 克，白糖适量。

做法

1 糙米洗净，用清水浸泡 30 分钟；南瓜去皮，切块。

2 锅中加适量水，放入南瓜块、糙米、燕麦熬煮成粥，加适量白糖即可。

营养功效

糙米中米糠和胚芽含有丰富的 B 族维生素和维生素 E，能提高宝宝免疫功能。

茄汁虾仁

原料

虾仁 100 克，西红柿 1 个，油、盐各适量。

做法

1 西红柿洗净，用热水烫去皮，切碎丁。

2 油锅烧热，放入虾仁翻炒，再放入西红柿丁翻炒出汁，加适量水大火烧煮收汁，出锅前放盐调味即可。

营养功效

西红柿富含维生素 C，和虾仁一起搭配，能使得虾仁的口感更加独特，提高宝宝食欲。

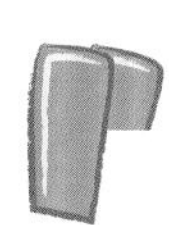

胡萝卜炒牛肉

原料

胡萝卜 10 克，
牛肉 50 克，
葱末、姜末、
盐、油各适量。

做法

1 牛肉切丝；胡萝卜洗净，切丝，放热水中焯烫。

2 锅烧热油，放入葱末、姜末爆香，放入胡萝卜丝炒熟，再放入牛肉丝继续翻炒，出锅前加盐调味即可。

宝宝吃牛肉不易嚼烂，可以把姜汁拌入牛肉丝中，能够嫩化牛肉；或者烹饪时放入山楂或橘皮，牛肉易烂。

营养功效

牛肉含有很高的蛋白质、氨基酸，可提高宝宝免疫力，搭配胡萝卜能促进人体对营养物质的吸收。

香菇水饺

原料

饺子皮15张，香菇5朵，木耳10个，猪肉末100克，盐适量。

做法

1. 香菇泡发后，切丁；木耳泡发后，切小片。
2. 香菇丁、木耳片放入猪肉末中搅拌均匀，加适量盐调制成馅。
3. 饺子皮包上肉馅，煮熟即可。

营养功效

木耳既可以帮助宝宝清理肠道，又可以辅助预防贫血。香菇气味芳香，可增进宝宝食欲。

虾仁青菜面

原料

虾仁4只，面条25克，油麦菜、盐、高汤各适量。

做法

1. 虾仁洗净，剁碎；油麦菜洗净，切段。
2. 锅中加水、适量高汤，下入面条，再放入虾仁、油麦菜段煮熟，出锅前加盐调味即可。

营养功效

虾仁青菜面既利于消化，又可为宝宝补充蛋白质，增强宝宝免疫力。

奶香布丁

原料

淡奶油 100 克，
牛奶 50 克，
蛋黄 2 个，
糖适量。

做法

1 淡奶油中加入牛奶、糖，放入锅中加热。

2 蛋黄液打散，倒入淡奶油中，拌匀，过筛去掉浮沫。

3 放入烤箱，180℃烤 20 分钟即可。

营养功效

奶香布丁主要是用牛奶制作而成，香甜可口，里面含有丰富的蛋白质、维生素和丰富的钙，可促进宝宝骨骼生长发育。

第十二章

宝宝成长必需的营养素

宝宝婴幼儿时期生长发育迅速，需要补充各种所需的营养素，尤其是当宝宝开始吃固体食物之后，营养问题比任何时候都重要。

DHA 提升宝宝智力的黄金元素

营养解读

DHA，学名为二十二碳六烯酸，俗称脑黄金，人体大脑生长发育的重要营养元素。

- 促进大脑生长发育，帮助神经细胞轴突延伸和新突触形成，维持神经细胞的正常生理活动。
- 促进视网膜光感细胞的发育，提高神经细胞的成熟度。
- 帮助提高孩子的语言表达能力。
- 有效预防近视、弱视、散光等视力问题。
- 帮助宝宝手眼协调，使宝宝的发育更加完善，促进宝宝智力发育。

最佳食物来源

宝宝DHA的来源主要是母乳。食物中的鱼类含有丰富的DHA，尤其是深海鱼类，如金枪鱼、沙丁鱼、秋刀鱼等，DHA含量最高。另外，鸡蛋、猪肝等也富含DHA。

营养缺乏的表现

宝宝如果缺乏DHA，可引发一系列症状，包括生长发育迟缓、皮肤异常鳞屑、智力障碍等。

清蒸鳕鱼

原料

鳕鱼1块，葱丝、姜丝、料酒、生抽各适量。

做法

1. 鳕鱼用清水冲洗干净，沥干水分。
2. 鳕鱼用少许料酒腌制10分钟。
3. 蒸锅中加水烧开，放入鳕鱼块，铺上葱丝和姜丝，盖上锅盖，大火蒸8分钟。
4. 出锅时，淋上生抽即可。

叶酸 提升智力，预防贫血

营养解读

叶酸可引发癌细胞凋亡，对癌细胞的基因表达有一定影响，属于一种天然抗癌维生素。

- 叶酸对蛋白质核酸的合成及各种氨基酸代谢有重要作用。
- 人体细胞生长和繁殖所必需的物质。
- 可以改善记忆能力，从而延缓大脑认知能力的退化。对于宝宝来说，有益智的作用。
- 被称为造血维生素，可以辅助治疗贫血。

最佳食物来源

叶酸广泛存在于各种动植物食物中。富含叶酸的食物有动物肝肾、鸡蛋、豆类、酵母、绿叶蔬菜（如西蓝花、菠菜、芦笋等）、水果及坚果类。由于叶酸是水溶性的维生素，对热、光线均不稳定，食物中的叶酸烹调加工后损失率会比较高。

营养缺乏的表现

叶酸缺乏时会出现贫血，白细胞数量也会减少，人体免疫力也会降低。

菠菜炒鸡蛋

原料

菠菜 100 克，鸡蛋 1 个，油、盐各适量。

做法

1. 菠菜洗净，切成小段，放在热水中焯烫，捞出沥干。
2. 鸡蛋打散成蛋液。
3. 锅中倒油烧热后，倒入鸡蛋液快速翻炒成块，把菠菜段放入一起翻炒 2 分钟。出锅前加盐调味即可。

牛磺酸 促进脑神经发育

营养解读

牛磺酸又称 β- 氨基乙磺酸，牛磺胆碱、牛胆素，是一种含硫的非蛋白氨基酸，在体内以游离状态存在，不参与人体内蛋白质的生物合成。

- 维持大脑正常功能，促进智力发育。
- 有利于保护视力，改善视觉，维持人眼细胞膜正常功能。
- 调节人体神经传导，促进脑神经发育。
- 促进脂肪类物质吸收。
- 促进人体生长激素的分泌。
- 促进肠道对铁的吸收，优化肠道内细菌群结构，防止便秘。
- 增强体质，消除疲劳。

最佳食物来源

人体可以自身合成牛磺酸，也可以从食物中获取，母乳尤其初乳中的牛磺酸含量丰富，婴幼儿配方奶粉中也含有牛磺酸。牛磺酸含量较高的食物有动物心脏、动物肝脏、鱼、蛤蜊、虾、沙丁鱼等，其中鱼类和贝类含牛磺酸最丰富。坚果和豆科食物中含量也比较高，如黑豆、蚕豆、嫩豌豆、扁豆等。

营养缺乏的表现

牛磺酸能够促进神经系统的生长发育与细胞增殖，如果宝宝补充不足，会导致生长发育缓慢。

黑豆粥

原料

大米、黑豆各 30 克。

做法

1. 大米、黑豆洗净，用水泡 2 小时。
2. 将大米、黑豆放入锅中，加入足够量的水，煮成熟烂的粥即可。

卵磷脂 帮助宝宝提升记忆力

营养解读

卵磷脂又称蛋黄素，被誉为与蛋白质、维生素并列的“第三营养素”。

- 是构成神经组织的重要成分，属于高级神经营养素。在大脑中占到脑重量的30%，在脑细胞中更占到其干重的70%~80%。
- 是神经发育的必需品。
- 具有乳化、分解油脂的作用，能将附着在血管壁上的胆固醇、中性脂肪乳化成微粒子，溶于血液中，并运往肝脏被代谢排掉。
- 卵磷脂中的胆碱对脂肪代谢有着重要作用。
- 能增强人体的解毒功能。
- 食用卵磷脂，对缓解糖尿病的某些症状效果尤为显著。
- 有利于改善因精神紧张而引起的急躁、易怒、失眠等症。
- 还有养颜的作用。

最佳食物来源

蛋黄中含有丰富的卵磷脂，牛奶、动物的脑、骨髓、心脏、肺脏、肝脏、肾脏以及大豆和酵母中都含有卵磷脂。卵磷脂在体内多与蛋白质结合，以脂肪蛋白质的形态存在着。

营养缺乏的表现

婴幼儿缺乏卵磷脂，会影响大脑及智力发育，使学习能力下降。卵磷脂缺乏，还可使大脑处于疲惫状态，主要表现为心里紧张、反应迟钝、头昏头痛、失眠多梦、思维分散、记忆力下降、健忘、注意力难以集中等。

牛奶鸡蛋羹

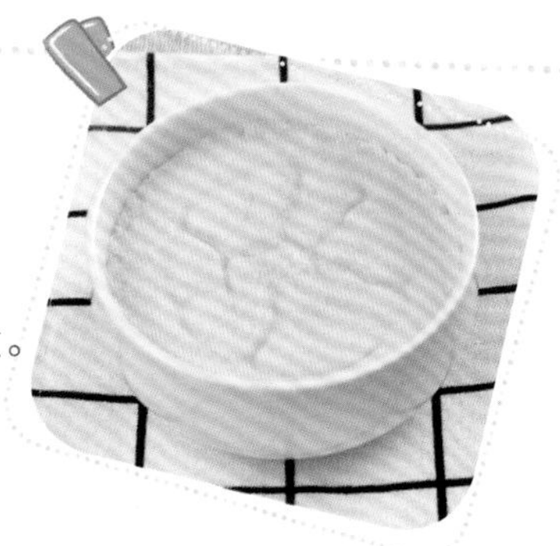

原料

鸡蛋1个，鲜牛奶100毫升，盐适量。

做法

1. 鸡蛋打入碗中，加适量盐打散。
2. 将鲜牛奶倒入鸡蛋液中，搅拌均匀。
3. 碗上敷盖保鲜膜，并扎几个小洞。
4. 锅中放水烧开，把装有牛奶鸡蛋液的碗上锅蒸8分钟即可。

蛋白质 智力发展的重要元素

营养解读

蛋白质是一切生命的物质基础，没有蛋白质就没有生命。

- 人体的每个组织，如毛发、皮肤、肌肉、骨骼、内脏、大脑、血液、神经等都是由蛋白质组成的。
- 构成多种生理活性物质，如核蛋白构成细胞核并影响细胞功能；免疫球蛋白维持机体正常的免疫功能；酶参与体内所有的生化反应；激素调节体内各器官的生理活性。
- 维持体液的酸碱平衡，维持人体毛细血管的正常渗透压，维持正常的视力。
- 提供人体能量以及热量，有助于提高肌肉的力量。

最佳食物来源

富含优质蛋白质的食物有豆制品、牛奶、鸡蛋、鱼肉等，虽然畜禽肉中也富含蛋白质，但是因其富含的脂肪酸多以饱和脂肪酸为主，因此摄入畜禽肉要限量。

营养缺乏的表现

蛋白质摄入不足，会导致身体消瘦；皮肤没有光泽、弹性；对疾病的抵抗力下降，人体经常处于亚健康状态；患者的伤口难以愈合等情况。

长期缺乏蛋白质会导致以蛋白质供应不足为主的身体浮肿、营养不良，主要见于3岁以下的婴幼儿，表现为周身浮肿、皮肤干燥萎缩、角化脱屑、头发脆弱易断和脱落、指甲脆弱有横沟、无食欲、常有腹泻等症状。

杂粮豆浆

原料

黄豆、红豆、薏米、糙米、黑米各10克。

做法

1 把所有原料洗净，用清水泡4小时。

2 把所有原料倒入豆浆机中，加水制作成豆浆即可。

B 族维生素 维护神经系统功能

营养解读

B 族维生素是维持人体正常机能与代谢活动不可或缺的水溶性维生素，人体无法自行制造合成。

- 参与三大营养物质的代谢；制造血液所需要的营养物质；维护神经系统的正常功能。
- 维生素 B_1 对神经组织和精神状态有良好的调节作用。
- 维生素 B_2 是构成红细胞的重要物质，参与机体新陈代谢。
- 维生素 B_3 促进血液循环，降低血压，降低胆固醇和甘油三酯。
- 维生素 B_6 可以促进人体分泌胰岛素，预防糖尿病。
- 维生素 B_{12} 是身体正常生长和红细胞生长所不可或缺的，有助于维持神经系统的健康。

最佳食物来源

维生素 B_1 的主要食物来源为：豆类、糙米、牛奶、家禽。

维生素 B_2 的主要食物来源为：小米、瘦肉、蛋黄、糙米及绿叶蔬菜。

维生素 B_5 的主要来源为：酵母，动物肝脏、肾脏，麦芽和糙米。

维生素 B_6 的主要来源为：瘦肉、果仁、糙米、绿叶蔬菜、香蕉。

维生素 B_{12} 的主要来源为：肝、鱼、牛奶。

营养缺乏的表现

缺乏 B 族维生素，非常容易导致烦躁和疲倦的发生，而且还会导致免疫力变低，甚至还出现贫血的情况，情绪也容易变得非常不稳定。

香蕉牛奶羹

原料

香蕉 1 根，配方奶 100 毫升。

做法

1. 香蕉去皮，切成片。
2. 配方奶倒入锅中加水熬煮至开，放入香蕉片继续煮 2 分钟即可。

维生素A 帮助牙齿与骨骼发育

营养解读

维生素A也叫视黄醇，有两种，即维生素A_1和维生素A_2。

- 属于脂溶性维生素，主要作用是维持正常的视觉功能。
- 身体所需要的微量元素之一，合成皮肤表皮细胞以及维持正常运转所必需的维生素。
- 一种营养增补剂，可以防止皮肤粗糙，促进正常的生长发育。
- 还可以维持上皮组织细胞的健康，促进免疫球蛋白的合成，维持骨骼的正常发育，抑制肿瘤的生长。

最佳食物来源

动物肝脏，全脂奶及其制品，绿色和黄色蔬菜，如红心甘薯、胡萝卜、青椒、南瓜等。

营养缺乏的表现

维生素A是人体视网膜中视紫红质的重要组成部分，人体若缺乏，容易导致夜盲症。维生素A可以促进骨细胞的分化和人体蛋白质的合成，若是体内缺乏，就会打破成骨细胞与破骨细胞之间的平衡，不利于骨骼发育。

鸡蛋炒胡萝卜

原料

鸡蛋1个，胡萝卜半根，油、盐各适量。

做法

1. 胡萝卜洗净去皮，切成细丝。
2. 鸡蛋打散成蛋液。
3. 锅中放油烧热后，倒入鸡蛋液翻炒成块，再倒入胡萝卜丝翻炒。
4. 炒至胡萝卜丝软烂，出锅前加盐调味即可。

维生素 C 提高宝宝的免疫力

营养解读

维生素 C 又叫抗坏血酸，是人体内重要的水溶性抗氧化营养素之一，可保护身体免于自由基的威胁。维生素 C 同时也是一种辅酶。

- 可促进骨胶原的生物合成，利于组织创伤口的快速愈合。
- 可促进胶原蛋白的合成，防止牙龈出血，促进牙齿和骨骼的生长，防止牙床出血，防止关节痛、腰腿痛。
- 可促进氨基酸中酪氨酸和色氨酸的代谢，延长机体寿命。
- 能增强机体对外界环境的抗应激能力和免疫力。

最佳食物来源

维生素 C 的主要食物来源是新鲜果蔬，比如绿色、红色和黄色的辣椒、菠菜、韭菜、西红柿、柑橘、山楂、猕猴桃、鲜枣、柚子、草莓、橙子等。

动物性食物仅肝脏和肾脏中含有少量的维生素 C，牛奶、鱼、肉、蛋、禽肉中含量极少。

营养缺乏的表现

婴幼儿由于生长发育快，维生素 C 的需要量也会增加，如果摄入量不足，就会出现缺乏症状，早期表现易厌食、体重不增、面色苍白、倦怠无力，可伴低热、呕吐、腹泻等，易感染或伤口不易愈合。

猕猴桃汁

原料

猕猴桃 1 个。

做法

1 猕猴桃洗净去皮，切成块。

2 将猕猴桃块放入榨汁机中，加入水，榨成汁即可。

维生素 E 维护机体免疫力

营养解读

维生素 E 是一种脂溶性的维生素，其水解产物为生育酚，是最主要的抗氧化剂之一。

- 具有抗氧化作用，它能够清除体内的自由基，并且还能保护生物膜、细胞骨架等免受自由基的伤害。
- 能够维持机体的免疫功能，特别是对 T 淋巴细胞和红细胞的功能很明显。
- 具有美肤护肤的作用，能够保护皮肤，对毛细血管出血、皮肤的烧伤和冻伤都有疗效。

最佳食物来源

富含维生素 E 的食物有猕猴桃、坚果、瘦肉、乳类、蛋类，向日葵子、芝麻、玉米、橄榄、花生、山茶等的植物油，以及菠菜、羽衣甘蓝、甘薯、山药、莴苣、黄花菜、圆白菜等蔬菜。

营养缺乏的表现

维生素 E 缺乏会影响宝宝生长发育，使宝宝易致呼吸道感染，食欲下降，头发干枯，皮肤粗糙，免疫力低下等。

山药泥

原料

山药半根。

做法

1. 山药洗净，去皮，切成块。
2. 放入蒸锅中蒸 15 分钟。
3. 出锅后，放入碗中，碾成泥即可。

钙 保证正常的新陈代谢

营养解读

钙对人体有至关重要的作用，如果没有钙离子，人类将难以生存。

- 钙主要分布在人体的骨骼和牙齿中，是其重要的组成成分，可维持骨骼和牙齿的硬度，防止骨质疏松。
- 钙能够强化神经细胞的传导功能，钙是一种天然的镇静剂，可降低神经细胞的兴奋性，具有一定的镇静安神作用。另外，钙还能够降低毛细血管的通透性，有一定的抗过敏作用。
- 可调节细胞和毛细血管的通透性，缺钙易导致过敏、水肿等。
- 促进体内多种酶的活动，缺钙时，腺细胞的分泌作用减弱。
- 维持肌肉神经的正常兴奋，如血钙浓度增高，可抑制肌肉、神经的兴奋性。

最佳食物来源

含钙较多的食物有牛奶、奶酪、鸡蛋、豆制品、海带、紫菜、虾皮、芝麻、山楂、海鱼及蔬菜等，牛奶中的钙含量尤其高。

营养缺乏的表现

缺钙会导致神经性偏头痛、烦躁不安、失眠。婴儿缺钙会引起夜惊、夜啼、盗汗。缺钙还会诱发儿童的多动症。

紫菜虾皮汤

原料

鸡蛋 1 个，虾皮、紫菜各适量。

做法

1. 鸡蛋打散成蛋液；紫菜撕成小块。
2. 锅中放水烧热后，倒入鸡蛋液，煮成蛋花。
3. 放入紫菜块、虾皮，再煮 2 分钟即可。

锌 提升宝宝食欲

营养解读

锌是人体必不可少、重要的微量元素之一。

- 参与体内碳酸酐酶、DNA 聚合酶等许多酶的合成及活性发挥，也参与许多核酸及蛋白质的合成，维持中枢神经系统代谢、骨骼代谢，促进孩子身体生长、大脑发育、性征发育的正常进行。
- 能帮助维持正常味觉、嗅觉功能，促进食欲。这是因为维持味觉的味觉素是一种含锌蛋白，它对味蕾的分化及有味物质与味蕾的结合有促进作用。
- 提高免疫功能。锌是对免疫力影响最明显的微量元素，能促进胸腺、淋巴结等免疫器官发育，抗击某些细菌、病毒，从而减少患病概率。
- 可以促进伤口愈合。出现大面积创伤时多补充锌，可以提高伤口的愈合能力。
- 还会影响维生素 A 的代谢以及正常的视觉功能。

最佳食物来源

贝壳类海产品、红色肉类、动物内脏类都是锌的很好来源；坚果类、谷类胚芽和麦麸也富含锌；奶酪、虾、燕麦、花生酱、花生、玉米等含锌量也较高。

营养缺乏的表现

人体缺锌就会出现味觉功能下降，偏食、厌食，肠道内的菌群失衡的情况，宝宝会出现免疫力低下、食欲不振的情况。

牛奶燕麦羹

原料

燕麦 30 克，牛奶 150 毫升。

做法

1. 牛奶倒入锅中煮开。
2. 把燕麦倒入牛奶中，不停搅拌，待燕麦完全煮熟烂即可。

铁 必不可少的造血剂

营养解读

铁是构成人体的必不可少的元素之一，缺铁会影响人体的健康和正常发育。

- 铁是人体细胞的必需成分，它具有造血功能，参与血红蛋白的生成以及细胞色素和各种酶的合成，促进人体生长。铁还在血液中起到运输和携带营养物质的作用。
- 肌红蛋白、脑红蛋白的组成成分，二者与血红蛋白结构近似，是携氧、储氧球蛋白。
- 直接参与人体能量代谢。
- 可以促进维生素A原的转化、胶原的合成、抗体的产生及肝脏的解毒。

最佳食物来源

食物中含铁丰富的有动物肝脏、肾脏，瘦肉、蛋黄、鸡、鱼、虾和豆类。

绿叶蔬菜中有菠菜、芹菜、油菜、苋菜、荠菜、黄花菜、西红柿等。

水果中以杏、桃、李、葡萄干、红枣、樱桃等含铁较多。

核桃、海带、红糖、芝麻酱等也含有较丰富的铁。

营养缺乏的表现

人体缺铁容易出现缺铁性的贫血，也会造成免疫功能的下降和新陈代谢的紊乱。儿童缺乏铁可导致学习能力下降，易烦躁，抗感染力下降。

核桃仁拌芹菜

原料

核桃3个，芹菜1根，盐适量。

做法

1. 核桃去壳取核桃仁，切碎。
2. 芹菜洗净切成小段，放在热水中焯至熟透。
3. 把芹菜段和核桃碎放入碗中，放入盐拌匀即可。

第十三章

辅食这样吃，宝宝长得高身体好

宝宝吃得好，才能长得高、身体棒。

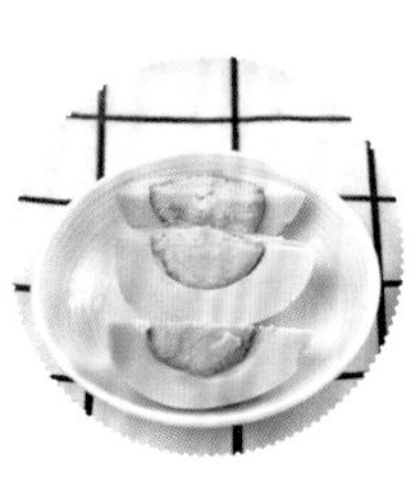

增强免疫力

引起宝宝免疫力低的原因主要有：宝宝有先天性疾病，引起免疫力低；宝宝身体中缺乏一些微量元素；宝宝生活的环境受到污染，比如长期吸入二手烟等，环境污染会影响宝宝的免疫力。

宝宝免疫力低建议多补充营养，平常饮食注意荤素合理搭配，每天保证充足的蛋白质和维生素摄入，平时多吃新鲜的蔬菜和水果，对提高免疫力有很大的帮助。要多带宝宝进行户外活动，增强其自身抵抗力的同时，还能晒太阳，配合补充维生素 D，促进钙的吸收。

菠菜鸭血汤

原料：鸭血 50 克，菠菜 100 克，盐适量。

做法：1. 菠菜洗净，用热水焯烫一下，切成段；鸭血切小块。2. 锅烧热水，放入鸭血煮熟透，再放入菠菜段煮 2 分钟。3. 出锅前加盐调味即可。

鲜虾炖豆腐

原料：鲜虾 6 只，豆腐 100 克，姜片、盐各适量。

做法：1. 将鲜虾虾线挑出，去掉虾头、虾壳，洗净；豆腐切成块。2. 锅置火上，放入鲜虾、豆腐块和姜片，加水煮沸后撇去浮沫。3. 小火煮 10 分钟，出锅前加盐调味即可。

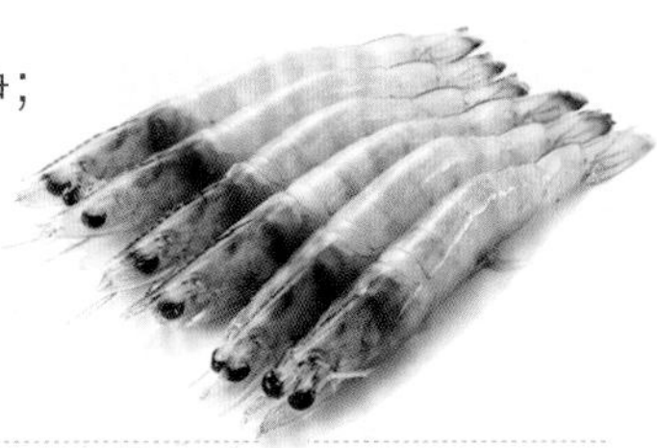

清蒸鳕鱼

原料：鳕鱼肉 100 克，葱花、姜末各适量。

做法：1. 鳕鱼肉洗净，切成小块，放入盘中，用姜末腌制 5 分钟。2. 蒸锅放水烧热后，将盛鳕鱼块的盘子放入，加盖蒸 8 分钟。3. 出锅前撒上葱花即可。

预防感冒

宝宝免疫力低会经常患感冒，想改变这样的状况，可以从饮食上开始改变，多给孩子吃富含维生素 A、维生素 C 和锌的食物。

身体内拥有足够的维生素 A，能够让免疫力得到很大的提升，宝宝身体内缺乏维生素 A，病毒细胞繁殖的速度就会很快。

维生素 C 也是人体必需的一种营养元素，多吃维生素 C 含量高的食物能够提升人体抵抗力，将身体内的有害物质赶出去。

锌对于感冒病毒的出现和繁殖起着直接的预防作用，还能增强机体免疫力，可以起到预防感冒的作用。

香菇油菜

原料：油菜 100 克，鲜香菇 3 个，姜末、酱油各适量。

做法：1. 香菇去蒂洗净，切成片；油菜洗净，切段。2. 锅内放油烧热，倒入姜末炒出香味，放入香菇片快速翻炒后，加水、酱油焖 3 分钟。3. 放入油菜段，炒至熟烂即可。

萝卜梨汁

原料：梨 1 个，萝卜半个。

做法：1. 萝卜洗净，去皮，切成丝；梨洗净，去皮，去核，切成片。2. 锅中放水烧热，倒入萝卜丝和梨片，一起煮 10 分钟。3. 取汤汁饮用即可。

南瓜银耳羹

原料：南瓜 50 克，银耳 1/4 朵，枸杞子、冰糖各适量。

做法：1. 银耳提前用水泡发，至涨发后剪去蒂部并撕碎。2. 南瓜去皮，切丁；枸杞子洗净。3. 锅中放进银耳碎、南瓜丁，加入适量清水，大火煮开后，转小火煮 20 分钟。4. 再加入枸杞子和冰糖，小火煮 10 分钟即可。

促进眼部发育

婴幼儿期是宝宝眼部发育的关键时期，此时做好眼部护理有利于眼部更健康地发育，可以补充促进眼部发育的营养物质。

补充含维生素 A 丰富的食物，如胡萝卜、哈密瓜和菠菜等都是很好的选择。如果宝宝缺乏维生素 A，那么对黑夜的感知能力就不会太好。

补充含维生素 C 比较多的食物，如西红柿、萝卜、土豆等，因为维生素 C 是组成眼球水晶体的成分之一，如果缺乏维生素 C 就容易导致水晶体浑浊，影响眼部的发育。

补充含钙比较多的食物，如莲子、核桃和牛奶等，都是很好的来源，可消除眼肌紧张。

奶酪蛋汤

原料：奶酪 1 片，鸡蛋 1 个，西芹、萝卜各 50 克，高汤、面粉各适量。

做法：1. 西芹、胡萝卜洗净，切丁。2. 奶酪与鸡蛋一起打散，加入面粉，搅拌成蛋糊。3. 高汤烧开，淋入调好的蛋糊，撒上西芹丁、胡萝卜丁作点缀即可。

西红柿汁

原料：西红柿 1 个。

做法：1. 将西红柿洗净，划“十”字，用热水烫后去皮。2. 去皮西红柿切块，放入榨汁机中，榨汁即可。

鸡蛋布丁

原料：鸡蛋 1 个，配方奶 100 毫升。

做法：1. 鸡蛋磕入碗内，打成鸡蛋液。2. 把配方奶缓缓倒入蛋黄液中拌匀。3. 放入锅中蒸 8 分钟即可。

胃口好长大个儿

赖氨酸可以增加人体对蛋白质的利用率，促进骨骼生长发育。鸡蛋、瘦猪肉、鱼肉等肉类和豆类食物中赖氨酸含量都比较多。

人体骨组织生长需要钙和磷，可以补充鱼类、牛奶、鸡蛋、酸奶等来摄取钙、磷等微量元素。

杂粮中含有丰富的微量元素，而微量元素中的锰、锌和氟可以促进宝宝长个儿，要多吃杂粮，如黄豆、燕麦、花生等。

水果和蔬菜可以补充人体所需的维生素、矿物质和微量元素，促进骨骼生长。

菠菜鱼片汤

原料：鱼片、菠菜各100克，葱段、姜片、料酒、盐、油各适量。

做法：1. 菠菜洗净，切段。2. 油锅烧热，下葱段、姜片爆香，放鱼片略煎，洒入适量料酒，加水煮沸，用小火焖20分钟。3. 放入菠菜段，煮熟，出锅前加适量盐调味即可。

核桃燕麦豆浆

原料：黄豆、燕麦各20克，核桃2个。

做法：1. 黄豆洗净，用水浸泡4小时。2. 核桃去壳，取核桃仁。3. 将黄豆、燕麦和核桃仁倒入豆浆机中，打成豆浆即可。

胡萝卜牛肉丝

原料：牛肉50克，胡萝卜半根，酱油、盐、水淀粉、葱花、姜末、油各适量。

做法：1. 牛肉洗净切丝，放入葱花、姜末、水淀粉和酱油腌10分钟。2. 胡萝卜洗净，去皮，切丝。3. 锅中倒油烧热后，将牛肉丝放入炒至断生。4. 胡萝卜丝放入锅内，放一点水，一起炒至熟烂。出锅前加盐调味即可。

益智健脑

孩子成长过程中，提高智力是非常重要的，很多食物也确实有益于开发智力。所谓“益智食物”，并不是指某一种食物，也不是指某一种营养成分，而是一种平衡的营养状态。

适量碳水化合物类食物的摄入可提供人体消耗的部分能量。人体消耗的能量主要由膳食中的碳水化合物、脂肪和蛋白质提供。

食物中优质蛋白质含量的适度增加，对大脑皮质的兴奋和抑制有调节作用。

脂肪是构成大脑和神经细胞的主要成分，大脑60%左右是脂肪。饮食中如果缺乏脂肪，会妨碍大脑的发育。脂肪中的卵磷脂、胆碱、亚油酸、亚麻酸对大脑功能的正常运转尤为重要。营养学家建议，每天应摄入 50~80克脂肪，儿童及青少年可适当多一些。

韭菜炒虾皮

原料：韭菜100克，虾皮10克，油、盐各适量。

做法：1. 将韭菜择洗干净，切小段；虾皮洗净。2. 锅内加入油烧热，先放入虾皮煸炒，随即倒入韭菜段快速翻炒。3. 炒至韭菜段变色后，加入盐翻炒均匀即可。

松仁海带

原料：泡发海带丝50克，松子仁20克，高汤适量。

做法：1. 松仁洗净；海带丝洗净，切成小段。2. 锅内放入高汤，烧开后，放入松子仁、海带丝一起煮10分钟即可。

胡萝卜苹果汁

原料：胡萝卜半根，苹果半个，熟蛋黄1个，牛奶100毫升。

做法：1. 苹果去皮，去核，切块；胡萝卜洗净，切块。2. 把苹果块、胡萝卜块、熟蛋黄和牛奶一起放入榨汁机中，榨成汁即可。

改善上火积食

宝宝上火积食要看具体情况，如果是脾有火，宝宝的舌苔会比较厚重，而且还会伴有口苦、口舌生疮、口干等现象；如果是宝宝的胃有火，宝宝的牙齿和牙龈会发炎红肿、口臭、牙痛等，而且大便也会比较干燥。

如果宝宝积食上火了，可以在宝宝吃饭和吃东西前先喂一杯水补充水分，以帮助食物分解吸收，促进消化。

给宝宝吃的食物最好以蔬菜为主，增加纤维素的摄取。可以吃一些降火、清热解毒的食物，如苦瓜和梨等；也可以吃一些富含膳食纤维的食物，以加快肠胃蠕动，如红薯等。

苦瓜粥

原料：苦瓜半根，大米 30 克。

做法：1. 苦瓜洗净后去瓤，切成丁，放入沸水中焯烫一下。2. 大米淘洗干净，浸泡 1 小时。3. 先将大米放入锅中加水煮沸，转小火再放苦瓜丁，一起煮成粥即可。

梨汁

原料：梨半个。

做法：1. 梨洗净去皮，去核，切成小块。2. 将梨块放入榨汁机中，加入适量温开水榨成汁即可。

芝麻拌菠菜

原料：菠菜 100 克，白芝麻、盐、香油、醋各适量。

做法：1. 菠菜洗净，切成小段，用热水焯烫一下，捞出。2. 菠菜段放入碗中，加适量盐和醋，撒上白芝麻，淋上香油，拌匀即可。

附录：0~5 岁宝宝身高体重标准参考表

5 岁以下男童身高标准值（厘米）

年龄	月龄	矮	较矮	平均值	较高	高
出生	1	46.9	48.6	50.4	52.2	54.0
	3	57.5	59.7	62.0	64.3	66.6
	6	63.7	66.0	68.4	70.8	73.3
	9	67.6	70.1	72.6	75.2	77.8
1	12	71.2	73.8	76.5	79.3	82.1
2	24	81.6	85.1	88.5	92.1	95.8
3	36	90.0	93.7	97.5	101.4	105.3
4	48	96.3	100.2	104.1	108.2	112.3
5	60	102.8	107.0	111.3	115.7	120.1

5 岁以下女童身高标准值（厘米）

年龄	月龄	矮	较矮	平均值	较高	高
出生	1	46.4	48.0	49.7	51.4	53.2
	3	56.3	58.4	60.6	62.8	65.1
	6	62.3	64.5	66.8	69.1	71.5
	9	66.1	68.5	71.0	73.6	76.2
1	12	69.7	72.3	75.0	77.7	80.5
2	24	80.5	83.8	87.2	90.7	94.3
3	36	88.9	92.5	96.3	100.1	104.1
4	48	95.4	99.2	103.1	107.0	111.1
5	60	101.8	106.0	110.2	114.5	118.9

5 岁以下男童体重标准值（千克）

年龄	月龄	瘦	偏瘦	平均值	偏胖	胖
出生	1	2.58	2.93	3.32	3.73	4.18
	3	5.29	5.97	6.70	7.51	8.40
	6	6.70	7.51	8.41	9.41	10.50
	9	7.46	8.35	9.33	10.42	11.64
1	12	8.06	9.00	10.05	11.23	12.54
2	24	10.09	11.24	12.57	14.01	15.67
3	36	11.79	13.13	14.65	16.39	18.37
4	48	13.35	14.88	16.64	18.67	21.01
5	60	15.06	16.87	18.98	21.46	24.38

5 岁以下女童体重标准值（千克）

年龄	月龄	瘦	偏瘦	平均值	偏胖	胖
出生	1	2.54	2.85	3.21	3.63	4.10
	3	4.90	5.47	6.13	6.87	7.73
	6	6.26	6.96	7.77	8.68	9.73
	9	7.03	7.81	8.69	9.70	10.86
1	12	7.61	8.45	9.40	10.48	11.73
2	24	9.64	10.70	11.92	13.31	14.92
3	36	11.36	12.65	14.13	15.83	17.81
4	48	12.93	14.44	16.17	18.19	20.54
5	60	14.44	16.20	18.26	20.66	23.50

图书在版编目（CIP）数据

0~3岁宝宝吃好第一口辅食 / 刘桂荣主编 . — 北京：中国轻工业出版社，2021.3
ISBN 978-7-5184-3317-9

Ⅰ. ①0… Ⅱ. ①刘… Ⅲ. ①婴幼儿—食谱 Ⅳ. ①TS972.162

中国版本图书馆CIP数据核字（2020）第250202号

责任编辑：朱启铭　　责任终审：张乃柬　　整体设计：奥视读乐
策划编辑：朱启铭　梁　勇　　责任校对：朱燕春　　责任监印：张京华

出版发行：中国轻工业出版社（北京东长安街6号，邮编：100740）
印　　刷：北京博海升彩色印刷有限公司
经　　销：各地新华书店
版　　次：2021年3月第1版第1次印刷
开　　本：720×1000　1/16　印张：12
字　　数：130千字
书　　号：ISBN 978-7-5184-3317-9　　定价：49.80元
邮购电话：010-65241695
发行电话：010-85119835　传真：85113293
网　　址：http://www.chlip.com.cn
Email：club@chlip.com.cn
如发现图书残缺请与我社邮购联系调换
200551S3X101ZBW